听专家田间讲课

CAITUBAN
PINGGUO
BINGCHONGHAI
GAOXIAO
FANGKONG

彩图版苹果

病虫害高效防控

张怀江　闫文涛　主编

中国农业出版社

图书在版编目（CIP）数据

彩图版苹果病虫害高效防控／张怀江，闫文涛主编.
—北京：中国农业出版社，2017.3（2019.3重印）
（听专家田间讲课）
ISBN 978-7-109-22551-0

Ⅰ.①彩…　Ⅱ.①张…②闫…　Ⅲ.①苹果—病虫害
防治—图集　Ⅳ.①S436.611—64

中国版本图书馆CIP数据核字（2017）第003192号

中国农业出版社出版
（北京市朝阳区麦子店街18号楼）
（邮政编码 100125）
责任编辑　郭晨茜

北京中科印刷有限公司印刷　新华书店北京发行所发行
2017年3月第1版　2019年3月北京第2次印刷

开本：880 mm×1230 mm 1/32　印张：3.125
字数：80千字
定价：20.00元
（凡本版图书出现印刷、装订错误，请向出版社发行部调换）

编著人员

主　编：张怀江　闫文涛

副主编：仇贵生　周宗山　冀志蕊

编　委（按姓氏笔画排序）：

仇贵生　闫文涛　孙丽娜

李艳艳　张怀江　岳　强

周宗山　徐成楠　冀志蕊

出版说明

　　保障国家粮食安全和实现农业现代化，最终还是要靠农民掌握科学技术的能力和水平。为了提高我国农民的科技水平和生产技能，向农民讲解最基本、最实用、最可操作、最适合农民文化程度、最易于农民掌握的种植业科学知识和技术方法，解决农民在生产中遇到的技术难题，中国农业出版社编辑出版了这套"听专家田间讲课"丛书。

　　把课堂从教室搬到田间，不是我们的最终目的，我们只是想架起专家与农民之间知识和技术传播的桥梁；也许明天会有越来越多的我们的读者走进校园，在教室里聆听教授讲课，接受更系统、更专业的农业生产知识与技术，但是"田间课堂"所讲授的内容，可能会给读者留下些许有用的启示。因为，她更像是一张张贴在村口和地头的明白纸，让你一看就懂，一学就会。

　　本套丛书选取粮食作物、经济作物、蔬菜和果树等作物种类，一本书讲解一种作物或一种技能。作者站在生产者的角度，结合自己教学、培训和技术推广的实践经验，一方面针对农业生产的现实意义介绍高产栽培方法和标准化生产技术，另一方面考虑到农民种田收入不高的实际问题，提出提高生产效益的有效方法。同时，为了便于读者阅读和掌握书中讲解的内容，我们采取了两种出版形式，一种是图文对照的彩图版图书，另一种是以文字为主、插图为辅的袖珍版口袋书，力求满足从事农业生产和一线技术推广的广大从业者多方面的需求。

期待更多的农民朋友走进我们的田间课堂。

2016年6月

　　截至2015年，我国的苹果栽培面积已经超过3 000万亩*，稳居苹果生产第一大国之位，并呈现持续增长的态势。苹果是我国农村经济的支柱产业之一，在农业产业结构调整、农民增收致富等方面发挥着重要的作用。然而，随着我国经济的全面快速发展，人们生活水平的不断提高，消费观念和饮食结构的不断改善，以及苹果市场的逐步国际化，对苹果的外观质量和内在品质要求也越来越高。病虫害的严重发生是影响苹果产量和质量的重要因素之一，而苹果病虫害种类繁多，发生规律复杂，广大果农在病虫害防治中往往感到非常困惑。为了提高我国苹果综合生产技术水平，使广大果农及农技人员能够对病虫害快速识别、高效防治，最终实现苹果生产由数量型向质量型的转变，我们以图文并茂的形式编写了这本《彩图版苹果病虫害高效防控》。

　　全书分为综合防控技术、病害高效防控和害虫高效防控三大部分，先后介绍了病害21种，害虫14种，精

----

　　* 亩为非法定计量单位，15亩＝1公顷。——编者注

选了病害、害虫及田间操作照片共计150幅，大部分为作者多年来的积累，更有许多照片是可遇不可求的精品。文字部分力求通俗易懂，便于操作。

病虫害化学防治的农药品种，是以2012年中华人民共和国卫生部和农业部联合发布的《GB 2762—2012——食品中农药最大残留限量》的要求为参考。然而，所涉及农药的推荐使用浓度和使用量，可能会因为苹果品种、栽培方式、生长周期及所在地的生态环境条件而有一定的差异。因此，在实际使用过程中，应以所购买产品的使用说明书为准，或在当地技术人员的指导下使用。

我国幅员辽阔，苹果种植分布广，且病虫害种类繁多，受作者实践经验及专业技术水平的限制，书中遗漏之处在所难免，恳请有关专家、同行、广大读者不吝指正。

编　者

2017年1月

目 录

第一讲
苹果病虫害
综合防控技术

一、农业防治

农业防治是防治苹果病、虫、草害所采取的农业技术综合措施，一是通过调整和改善苹果的生长环境，以增强果树对病、虫、草害的抵抗能力；二是通过创造不利于病原物、害虫和杂草生长发育或传播的条件，来达到控制、避免或减轻病、虫、草害的目的。农业防治如能同物理、化学防治等措施配合实施，可取得更好的效果。

苹果生产中常用的农业防治措施有土、肥、水管理，改善果园光照，改变生境等。

1.土、肥、水管理

果园的土、肥、水管理传统上认为是果树栽培措施，但实际上其与果树病虫害的发生有着密切的关系，其相关措施的合理应用，不但对增强树势、提高果树抵御病虫害能力有重要作用，而且还能对一些生活习性与土、肥、水关系密切的病原物、害虫起到较好的防治作用。例如，及时的深翻土壤，不但可以增强土壤的通透性，而且可以使在深层土壤中生存和越冬的病原物、害虫暴露，起到一定的防治作用；多施有机肥，少施含氮量高的化肥可以降低叶螨对叶片的为害；果园生草利于园内土壤和空气温湿度的调节，有助于提升果园生物丰富度（图1-1）；树盘覆盖地膜可阻止害虫钻出土表，同时膜下高温也可杀死部分害虫（图1-2）。

图1-1　果园生草

图1-2　地膜覆盖

2.改善光照

改善果园光照，不但可以改善树体和果实的光照条件，而且还可以起到增强果园行间和株间的通风的作用。一般情况下，通风透光差、相对郁闭的果园病虫害发生的概率和程度普遍偏高，因此，改善果园光照，可以通过创造不利于病虫害发生的条件，降低病虫为害。改善光照的措施主要是整形修剪（图1-3至图1-6）。

图1-3　春季疏除过密枝

图1-4　夏季剪除旺枝、密枝

图1-5　苹果园修剪后的高光照

图1-6　高通风透光苹果园

3.改变病原物、害虫生存环境

生存环境包括土壤、水分、光照、空气等，直接影响病原物和害虫的生存和发展。通过人为的改变生存环境中的某些因素，可有效控制病虫害。在苹果生产中的应用主要包括：①清洁果园，将病虫果、落叶、带卵枝条等集中烧毁或深埋（图1-7），以降低翌年病虫害基数，如金纹细蛾、卷叶虫、桃小食心虫、叶螨等。②减少间作，以降低二斑叶螨、鳞翅目食叶害虫等杂食性害虫在果园的发生等。

图1-7　树下落果和落叶是病虫的主要藏匿处

4.刮治树皮

对枝干病害，在果树休眠期和春季树体萌动后及时刮去枝干上的病斑并烧毁（图1-8和图1-9），可降低初始菌源量；结合冬剪剪除病枝、枯枝，同时将剪下的枝条清除出果园深埋或烧毁，并及时涂药。

图1-8　腐烂病病斑正确的刮除方式　　　图1-9　轻刮树皮防治枝干轮纹病

二、物理防治

物理防治是指通过物理措施创造不利于病原物及害虫发生，但却有利于或无碍于苹果树生长的生态条件的防治方法。主要通过病原物及害虫对温度、湿度、光谱、颜色、声音等的反应能力，用调控办法来控制病虫害发生。苹果生产中常用的物理防治技术主要有设置诱虫带、安装杀虫灯、悬挂粘虫板、果实套袋等。

1.设置诱虫带

苹果园内许多害虫具有潜藏越冬性，休眠时喜欢寻找理想越冬场所。利用害虫的这一特性，人为设置果树专用诱虫带，集中诱集捕杀，以达到减少越冬虫口基数、控制翌年害虫种群数量的目的。

（1）使用方法。在害虫潜伏越冬前的8～10月，将诱虫带对接后用胶布绑扎固定在果树第一分枝下5～10厘米处，或各主枝基部5～10厘米处，诱集沿树干下爬，寻找越冬场所的害虫（图1-10）。一般待害虫完全潜伏休眠后到出蛰前（12月至翌年2月底），集中解下诱虫带烧毁或深埋。

（2）防治对象。可能诱获的害虫有叶螨类、康氏粉蚧、卷叶蛾、毒蛾等。

图1-10　果园树干基部绑诱虫带

2. 安装杀虫灯

杀虫灯是利用果园害虫的趋光、趋波的特性，选择对害虫有极强诱集作用的光源与波长，引诱害虫扑灯，再通过高压电网杀死害虫的工具。

（1）具体用法。在果园内按棋盘和闭环状设置安装点，灯间距100～120米，距地面高1.0～1.5米（图1-11和图1-12）。安装时需将灯挂牢固定，使用时间依据各地日出、日落情况，一般在傍晚开灯，凌晨左右关灯。

图1-11　果园内安装的杀虫灯

图1-12　果园杀虫灯诱杀害虫

（2）防治对象。金纹细蛾、苹小卷叶蛾、桃小食心虫、梨小食心虫、天牛、金龟子等。

3.悬挂粘虫板

粘虫板是一种绿色环保无公害、易操作的物理杀虫产品，悬挂粘虫板是无公害果品生产中防治害虫的有效方法之一。

（1）具体用法。粘虫板一般在果园害虫发生初期使用，使用时垂直悬挂在树冠中层外缘的南面。可以先悬挂 3 ~ 5 片监测虫口密度，当诱虫板诱到的虫量增加时，每亩果园悬挂规格为15厘米×20厘米 的黄色粘虫板25 ~ 30片（图1-13）。当害虫粘满粘虫板时，用竹片或其他硬物及时将死虫刮掉，然后重涂一次机油，继续使用。注意在使用过程中要严格掌握摘取时间，天敌种群高峰期应及时摘除，否则将会诱杀到天敌昆虫。

图1-13　果园悬挂粘虫板

（2）防治对象。蚜虫、粉虱、斑潜蝇、蓟马等。

4.果实套袋

果实套袋是近年来在全国各地应用较广泛的提升果实品质的有效措施之一，其最大的好处是将果实与外界隔绝，病原物及害虫难以侵害果实，不但可有效防止病虫害，而且可减少果实农药残留，生产绿色果品。

（1）套袋方法。从落花后1周开始，先喷1次内吸性杀菌剂，间隔10天左右再喷1次杀菌剂，然后开始套袋。若套袋期间出现降雨，未套袋的部分果树应重新补喷杀菌剂（图1-14和图1-15）。

图1-14 果实套袋

图1-15 全树果实套袋

（2）摘袋时间。根据各地具体的气候条件确定摘袋时间，如果为双层袋要先摘外袋，隔3~5天再摘去内袋，并配合摘叶、转果加速着色。

三、生物防治

生物防治就是利用生物种间和种内的扑食、寄生等相互关系，用一种生物控制另外一种生物的种群数量，或利用环境友好的生物制剂等杀灭病虫，以达到防治病虫的目的。由于果园的生态系统较为稳定，不像水稻、小麦、玉米、棉花、蔬菜等大田作物会因季节性收获而造成食物链中断，因此，果园为其中的各种生物提供了良好的具有连续性的生态环境，这种特殊的生态环境决定了生物防治在苹果园中有着广泛的应用前景。

生物防治的基本措施有两类：一是大量引进外来有益生物；二是调节环境条件，使已有的有益生物群体数量增长并发挥作用。在应用方法上可归纳为三大技术体系：一是传统生物防治，包括使用无性繁殖材料、改革耕作制度、保持田园卫生、改进栽培技术、合理调节环境因素、优化水肥管理等农业技术；二是本地天敌的自然保护与利用；三是微生物农药的产品化。苹果生产上经常采用的生防措施主要包括：引进释放天敌、使用性诱剂、喷洒生物农药、果园生草等。

1.引进释放天敌

目前世界范围内生产的害虫和螨类的天敌主要有寄生蜂、捕食螨、小花蝽、草蛉和瓢虫等（图1-16至图1-21），此外还有少量的昆虫病原线虫和昆虫病原微生物。果园中可以应用的主要天敌见表1-1。

表1–1　果园主要天敌种类

类　别	天　敌	防治对象
捕食螨	胡瓜钝绥螨、智利小植绥螨、西方盲走螨	蓟马、害螨、粉虱等
瓢　虫	七星瓢虫、深点食螨瓢虫、光缘瓢虫	蚜虫、害螨、粉虱、介壳虫等
草　蛉	普通草蛉、叶通草蛉、红通草蛉	蚜虫、粉虱、鳞翅目幼虫及卵等
寄生蜂	苹果绵蚜蚜小蜂、赤眼蜂、丽蚜小蜂	苹果绵蚜、鳞翅目幼虫、粉虱等
捕食蝽	小花蝽、欧原花蝽、大眼长蝽	蓟马、蚜虫、粉虱、叶螨等
双翅目	食蚜瘿蚊、食蚜蝇	蚜虫、叶螨等
螳　螂	中华大刀螳、薄翅螳螂	多种害虫

图1-16　田间释放捕食螨

图1-17　草蛉成虫

图 1-18　草蛉幼虫

图 1-19　瓢虫成虫

图 1-20　瓢虫幼虫

图 1-21　食蚜蝇幼虫

2. 使用性诱剂

在生产上应用的人工合成的昆虫性信息素一般叫性引诱剂，简称性诱剂。用性诱剂防治害虫高效、无毒、无污染，是一种无公害治虫技术。目前性诱剂产品多做成诱芯，并制作诱捕器，与其配合杀灭害虫（图1-22至图1-24）。性诱剂的使用也十分简便，操作时依据使用说明书合理安排设置密度，对害虫具有较好的防治效果。

苹果生产上常用的性诱剂包括：桃小食心虫性诱剂、梨小食

心虫性诱剂、金纹细蛾性诱剂、苹小卷叶蛾性诱剂等。其作用体现在虫情测报、延迟交配和迷向等方面。

图1-22　性诱剂诱捕器制作

图1-23　田间悬挂性诱剂诱捕器

图1-24　桃小食心虫性诱剂的诱芯

3.生物农药

生物农药是指利用生物活体（真菌、细菌、昆虫病毒、转基因生物、天敌等）或其代谢产物（信息素、生长素等）针对农业有害生物进行抑制或杀灭的制剂。其与常规农药的区别在于独特的作用方式，即低使用剂量和靶标种类的专一性，有利于环境和食品安全。目前常用生物农药及防治对象见表1-2。

表1-2　苹果园常用生物农药及防治对象

制剂名称	防治对象
苏云金芽孢杆菌（BT）	桃小食心虫、金纹细蛾、尺蠖、舞毒蛾等鳞翅目害虫
阿维菌素	二斑叶螨、山楂叶螨、苹果全爪螨、绣线菊蚜、金纹细蛾等
灭幼脲	金纹细蛾等鳞翅目害虫
杀铃脲	桃小食心虫、金纹细蛾等
杀虫双	山楂叶螨、苹果全爪螨、卷叶蛾、梨星毛虫等
绿僵菌、白僵菌	桃小食心虫等果园鳞翅目害虫
农抗120	苹果白粉病、苹果炭疽病、苹果腐烂病等
多抗霉素	苹果斑点落叶病、苹果霉心病、苹果黑点病
井冈霉素	苹果轮纹病、苹果褐腐病等
哈茨木霉	果树白绢病
腐必清	苹果树腐烂病

4.果园生草

果园生草作为一项生防措施，主要体现在能有效改善果园的生态环境，为果园的天敌提供必要的庇护场所，以达到增加瓢虫、草蛉、捕食螨等天敌数量的目的，另外也可使一些害虫由为害树体转为为害草，从而降低果园害虫对果树的为害程度，减少化学农药的使用量。

四、化学防治

化学防治是用化学药剂来防治病虫害。化学防治是目前苹果生产中病虫害防治的主要措施，也是综合防治的一项重要措施。

1.抓住病虫害防治关键时期用药

病虫为害分为初发、盛发、末发3个时期。虫害和病害应在发生最轻、尚未开始暴发之前防治，将其控制在初发阶段，而对于具有潜伏侵染的枝干病害，既要在快速扩展前期进行及时刮治，还要注重其孢子释放高峰和侵染高峰期的及时喷药防治。抓住关键时期用药，不仅可以降低用药量，还可以收到较好的防治效果（图1-25和图1-26）。

图1-25　早春喷洒农药降低越冬病虫源　图1-26　夏季根据病虫测报及时喷药

2. 按经济阈值用药

经济阈值是指有害生物达到对被害作物造成经济允许损失水平时的临界密度。在此密度时应采取控制措施，以防止有害生物种群继续发展而达到经济危害水平。在有害生物密度过低或过高时，应综合考虑经济效益和环境因素确定是否用药防治。

3. 挑治

所谓"挑治"就是选择被病虫为害的植株，进行化学防治，是降低生产成本、提高经济效益的有效措施，也相对有益于生态平衡、保护天敌。

在果园内发生量小、传播速度慢的害虫可采用"挑治"的方法，如尺蠖、金龟子、蚜虫、天牛等。苹果腐烂病等枝干病害，一旦发生应立即刮除病斑，并及时涂药，针对个别发病较重的果树应补充营养，提高树势，增强抗病能力；果树根腐病等根部病害一旦发生，应及时用高浓度杀菌剂进行灌根治疗，或拔除病树，防止病菌传播。

4.药剂选择

防治果园病虫害尽可能选择专性杀虫剂、杀菌剂，少使用或不使用广谱性农药。同时要考虑病虫害的种类和为害方式等，如防治咀嚼式口器害虫，应选择胃毒作用的杀虫剂；刺吸式口器害虫，选择内吸性强的杀虫剂。另外，应根据果品生产要求选择用药，如严格按照无公害、绿色和有机食品生产标准中对农药的使用规定使用农药。

5.合理施药

（1）药械选择。根据树体大小合理选择施药器械。

（2）农药选择。选择对病虫杀灭率高，且对天敌又相对安全的农药种类。

（3）用药时期。把握病虫防治的关键时期。

（4）施用方法。树体全面施药，重点部位要适当细喷。

（5）避免药害。注意避免药害，选择果树安全阶段用药。

（6）延缓病虫害抗性。病虫的防治不一定要赶尽杀绝，要避免随意提高用药浓度和频繁施药，以降低病虫抗药性产生的速度。

（7）合理混用。混用农药时不应让其有效成分发生化学变化，如酸、碱性农药不能混用；不能破坏药剂的药理性能，如两种可湿性粉剂混用，则要求仍具有良好的悬浮率及湿润性、展着性能；必须确保混用后不产生药害等副作用；要保证混用后的安全性，农药混用后要确保不增加毒素，对人畜要绝对安全；混用品种间的搭配要合理，成本要合理；要明确各种有效成分单剂使用范围之间的关系，混用农药品种要求具有不同的作用方式和兼治不同的防治对象，以达到农药混用后扩大防治范围、增强防治效果的目的；混剂使用后，果品的农药残留量还应低于单用药剂。

（8）均匀施药。条件具备的果园，使用工效更高、雾化效果更好的机动弥雾式喷药机进行施药（图1-27）。使用普通高压高射程喷头喷药时，应随时摆动喷枪，喷药时尽量成雾状，叶面附药均匀，保证叶片和果实的最大持药量，减少药液损失，喷药范围

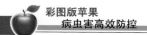
应互相衔接，不得漏喷，着重注意喷叶片背面，合理混加增效剂
或展着剂。

图1-27 机动弥雾式喷药机

第二讲
苹果主要病害
高效防控技术

一、苹果斑点落叶病

苹果斑点落叶病又称褐纹病，主要为害叶片，造成叶片提早脱落，也可为害新梢和果实，影响树势和产量，在我国各苹果产区都有发生。

1.田间诊断

苹果斑点落叶病主要为害叶片，尤其是展叶20天内的嫩叶，有时为害叶柄、一年生枝条及果实的各个阶段。叶片正面染病初期出现褐色圆形斑，病斑周围常有紫色晕圈，边缘清晰（图2-1）；随病情发展，病斑扩大，颜色变为深褐色，数个病斑融合后呈不规则病斑（图2-2），空气潮湿时病斑产生孢子梗和分生孢子，发病中后期病部常被其他真菌腐生，变为灰白色，中间长出黑色小点（为腐生菌的分生孢子器），有些病斑脱落、穿孔。夏、秋两季高温多雨季节，病菌繁殖量大，发病周期短，秋梢部位叶片病斑扩展迅速（图2-3），叶片的一部分或大部分变为褐色，呈现不规则大斑，染病叶片脱落或自叶柄病斑处折断（图2-4）。

图2-1　苹果斑点落叶病初期

图2-2　圆形病斑融合成不规则病斑

图2-3　苹果斑点落叶病中后期

图2-4　苹果斑点落叶病叶片脱落

2. 发病规律

该病的病原菌为苹果链格孢（*Alternaria mali* Roberts），病菌以菌丝体在被害叶、枝条上越冬，次年春天产生分生孢子，随风雨传播，侵染为害春梢叶片。病害的发生、流行与气候、品种密切相关。其中红星、红元帅、富士、印度、玫瑰红、青香蕉、北斗易感病；金帅系、鸡冠、祝光、嘎拉、乔纳金发病较轻。此外，叶龄与发病也有一定关系，一般感病品种叶龄在12～21天最易感病。

3. 防治适期

苹果斑点落叶病的流行与叶龄、降雨及空气相对湿度关系密切，防治苹果斑点落叶病的重点时期是发病前期及中期，降雨多的年份应提早施药，重点保护早期叶片。感病品种应控制病叶率在10％以下，平均每叶病斑数约0.1个时开始施药，能明显减轻病害发生和为害。

4.防控技术

（1）加强栽培管理，搞好清园工作。夏季及时剪除徒长枝，减少后期侵染源，改善果园通透性，低洼地、水位高的果园要注意排水，降低果园湿度。合理施肥，增强树势，有助于提高树体的抗病力。秋、冬季彻底清除果园内的落叶，清除树上病枝、病叶，集中烧毁或深埋，并于果树发芽前喷布3～5波美度的石硫合剂，以减少初侵染源。

（2）化学防治。掌握初次用药时期，是防治此病的关键之一。初次用药时期以病叶率低于10％时为宜。可选用10％多抗霉素可湿性粉剂1 000倍液、500克/升异菌脲悬浮剂1 500倍液、430克/升戊唑醇悬浮剂3 000倍液、50％腐霉利可湿性粉剂2 000倍液等，于春梢前中期、秋梢前中期交替用药，效果较好，施药间隔期一般10～20天，喷施药剂3～4次，多雨年份适当增加用药次数。

二、苹果褐斑病

苹果褐斑病是引起苹果早期落叶的主要病害，我国各苹果产区都有发生，苹果褐斑病病菌除可侵染苹果外，还可侵染沙果、海棠、山荆子等。

1.田间诊断

病斑可分为以下3种类型：

（1）轮纹型。发病初期，叶片正面可见黄褐色小点，逐渐扩大成褐色不规则病斑，外围带绿色晕圈，中央出现呈同心轮纹排列的黑色小点（分生孢子盘）；背面中央暗褐色，四周浅褐色，无明显边缘（图2-5和图2-6）。

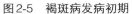
图2-5 褐斑病发病初期

图2-6 轮纹型病斑

（2）针芒型。病斑呈针芒放射状向外扩展，无固定形状，边缘不定，病斑小且多，常遍布整个叶片。后期叶片渐黄，但病部周围及背部仍保持绿褐色（图2-7）。

（3）混合型。病斑较大，不规则，其上有黑色小粒点。病斑暗褐色，后期中心转为灰白色，有的边缘仍成绿色（图2-8）。

3种病斑的共同特点是发病后期叶片变黄，但病斑周围仍保持绿色形成晕圈，病叶易脱落，尤其是风雨之后常有病叶大量脱落现象（图2-9）。

苹果褐斑病病菌可侵染果实，染病果实的表面前期出现淡褐色小斑点，逐渐扩大成为圆形或者不规则形褐色斑，凹陷，果面有黑色小粒点，病部果肉变为褐色，呈海绵状干腐（图2-10）。

图2-7 针芒型病斑

图2-8 混合型病斑

图2-9　苹果褐斑病田间落叶

图2-10　褐色病果呈海绵状干腐

2.发病规律

病原有性型为苹果双壳（*Diplocarpon mali* Harada et Sawamura），属子囊菌门真菌；无性型为苹果盘二孢［*Marssonina mali*（P. Henn.）Ito.］，属腔孢纲黑盘孢目盘二孢菌。菌丝生长适温为20～25℃。分生孢子萌发温度0～35℃，最适温度18～25℃，最适pH 6～7。病菌以菌丝、菌索、分生孢子盘或子囊盘在病叶上越冬，次年春天产生分生孢子和子囊孢子进行初侵染。潮湿是病菌扩展及产生分生孢子的必要条件，子囊孢子多从叶片的气孔侵入，也可从伤口直接侵入。病菌潜育期一般为5～12天，从侵入到病叶脱落需13～55天。所以，该病一般于5月中下旬至6月上旬开始发病，7月下旬至8月上旬进入发病盛期。发病严重的年份，8月中下旬开始落叶，9月大量落叶，至10月停止扩展。

在苹果栽培品种中，红玉、红富士、金冠、元帅、红星、国光易感病，鸡冠、祝光、倭锦、青香蕉、小国光较抗病。

3.防治适期

苹果褐斑病病菌自然条件下潜育期约12天，病害的发生与降水、温度关系密切。防治该病应从病害发生初期开始施药，间隔期10～14天，连续施药2～3次，同时多雨年份适当增加施药次数，干旱月份，适当延长施药间隔期至10～25天，即可有效控制苹果褐斑病的发展。

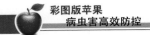
4.防控技术

防治策略应以化学防治为主，辅以清除落叶等农业防治措施。

（1）清除菌源。秋末冬初彻底清除落叶，剪除病梢，集中烧毁或深埋。

（2）加强栽培管理。施用有机肥，增施磷、钾肥，避免偏施氮肥；合理疏果，避免环剥过度，增加树势，提高树体的抗病力；合理修剪，夏季及时剪除徒长枝，减少侵染源；合理排灌，控制果园湿度。

（3）化学防治。春梢生长期施药2次，秋梢生长期施药1次。春雨早、雨量多的年份，适当提前首次喷药时间，春雨晚、雨量少的年份，可适当推迟施药。全年喷药次数应根据雨季长短和发病情况而定，一般来说，第1次施药后，每隔15天左右喷药1次，共喷3～4次。可选择药剂有50%异菌脲可湿性粉剂1 000倍液、1∶2∶200～240的波尔多液、430克/升戊唑醇悬浮剂3 000倍液、80%代森锰锌可湿性粉剂800倍液、70%甲基硫菌灵可湿性粉剂800倍液等，多种杀菌剂交替使用防效佳。

三、苹果炭疽病

苹果炭疽病又称苦腐病、晚腐病，在我国各苹果产区普遍发生，为害严重。该病菌除为害苹果外，还可侵染海棠、梨、葡萄、桃、核桃、山楂、柿、枣、栗、柑橘、荔枝、芒果等多种果树以及刺槐等树木。

1.田间诊断

苹果炭疽病主要为害果实，也可侵染枝条和果台。果实发病初期，果面可见针头大小的淡褐色小斑点，病斑圆形且边缘清晰，随病情发展，病斑逐渐扩大成褐色或深褐色，表面出现略凹陷的同心轮纹斑（图2-11）。由病部纵向剖开，病部果肉自果面向果心呈漏斗状变褐腐烂，具苦味，与健果肉界限明显。病斑直径达到1～2厘米时，病斑中心开始出现稍隆起同心轮纹状排列的小粒点

（分生孢子盘）（图2-12），粒点初为浅褐色，后期变黑色，并能很快突破表皮。遇降雨或天气潮湿时溢出绯红色黏液（分生孢子团）（图2-13）。条件合适时，病斑可扩展到果面的1/3～1/2，有时病斑相连可导致全果腐烂。果实腐烂失水后干缩成僵果，脱落或挂在树上。在运输或者储藏期间遇适宜条件病斑可迅速扩展。

图2-11　苹果炭疽病发病初期

图2-12　同心轮纹状病斑

图2-13　粉红色分生孢子盘

2.发病规律

病原菌为围小丛壳 [*Glomerella cingulata*（Stoneman）Spauld. et H. Schrenk]，属子囊菌门小丛壳属。菌丝发育温度为12～40℃（最适温度28℃），菌丝形成的最适温度约为22℃。分生孢子28℃下，经6小时可萌发，9小时萌发率可达95%以上，分生孢子萌发与糖分呈正相关。

病菌以菌丝体、分生孢子盘在果树上的病果、僵果、果台、干枯的枝条、潜皮蛾为害的破伤枝条等处越冬。次年春天越冬病菌形成分生孢子，借雨水、昆虫传播，直接穿过表皮或通过皮孔、伤口侵入果实。温度28～29℃，相对湿度80％以上为进入发病高峰。排水不良的黏土、洼地、树冠郁闭、日灼与虫伤造成的伤口等处易发病，此外以刺槐林作防风林的苹果园，有利于病害的发生。该病在园内有中心发病株，病果有分片集中现象，树冠内膛较外部病果多，中部较上部多。

3.防治适期

病菌自幼果期到成熟期均可侵染果实。在北方地区，侵染盛期一般从5月底到6月初开始，8月中下旬之后，侵染减少。发病期一般从7月开始，8月中下旬之后开始进入发病盛期，采收前15～20天达到发病高峰。早春萌芽前对树体喷施一次铲除剂，消灭越冬菌源，生长期施药应在谢花坐果后开始。

4.防控技术

结合苹果其他病害的防治，加强栽培管理的基础上，重点进行药剂防治和套袋保护。

（1）加强栽培管理。结合修剪，及时剪除枯枝、病虫枝、徒长枝和病果、僵果，集中销毁，以减少果园再侵染源；合理密植，配合中耕锄草等措施，改善果园通风透光条件，降低果园湿度；合理施用氮、磷、钾肥，增施有机肥，增强树势；合理灌溉，注意排水，避免雨季积水；果园周围避免使用刺槐、核桃等病菌的寄主作防风林。

（2）物理防治。加强储藏期管理，入库前剔除病果，注意控制库内温度，特别是储藏后期温度升高时，加强检查，发现病果及时剔除。

（3）化学防治。由于苹果炭疽病的发病规律基本上与苹果轮纹病一致，且防治两种病害有效的药剂种类也基本相同。炭疽病发病较重的果园，可在早春萌芽前对树体喷施1次铲除剂，消灭越冬菌源，药剂可选用3～5波美度的石硫合剂或0.3％的五氯酚钠，两者混合使用效果更佳。生长期施药应在谢花坐果后开始，每隔15天喷施药剂1次，连续喷施3～4次，晚熟品种可适当增加喷药次数。可用70％甲基硫菌灵可湿性粉剂800倍液、77％氢氧化铜可湿性粉剂600～800倍液、430克/升戊唑醇悬浮剂4000倍液、50%多菌灵可湿性粉剂600倍液、80%代森锰锌可湿性粉剂800倍液，除此之外，咪鲜胺类杀菌剂对炭疽病有特效。

四、苹果轮纹病

苹果轮纹病又称疣皮病、黑腐病、粗皮病、轮纹褐腐病、水烂病，是我国乃至世界苹果产区常见的一种病害。该病可为害果实造成直接减产，也可为害果树枝干，导致树势衰弱。

1. 田间诊断

枝干受害，当年生枝条皮孔稍隆起，在皮孔上形成圆形或扁圆形的红褐色瘤状物，并以膨大隆起的皮孔为中心开始扩大，树皮下产生近圆形或不规则形的红褐色小斑点，稍深入白色的树皮中（图2-14），病瘤边缘龟裂，与健康组织形成一道环沟。严重时，病组织翘起如马鞍状，许多病斑连在一起，造成树体表皮粗糙（图2-15、图2-16）。

图2-14　枝干轮纹病初期

图2-15　枝干轮纹病后期

图2-16　幼嫩枝条发病中后期

果实受害，近成熟期可见病斑，初期在皮孔周围形成褐色或黄褐色小斑点，随后向周围快速扩散。病斑扩大后有轮纹型、云斑型及硬痂型3种症状。

（1）轮纹型。表面形成黄褐色与深褐色相间的圆形或近圆形同心轮纹，果肉褐色，渗出黄褐色液体，腐烂时果形不变（图2-17和图2-18）。

（2）云斑型。形状不规则，呈黄褐与深褐色交错的云形斑纹。果肉腐烂的范围大，流出茶褐色液体，有酸臭味。

（3）硬痂型。原发点周围形成暗褐色硬痂，硬痂周围稍凹陷，外围病皮暗褐色，无明显同心轮纹，造成果实大量脱落。

图2-17　果实轮纹病

图2-18　果实轮纹病后期

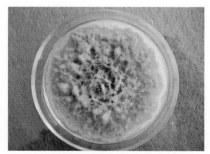

图2-19　轮纹病病菌菌丝

叶片受害，产生具同心轮纹的褐色圆形或不规则形病斑，严重时干枯早落。

2.发病规律

该病是由葡萄座腔菌（*Botryosphaeria dothidea*）所引起，（图2-19）属子囊菌门，无性型为伯氏小穴壳菌［*Dothiorella berengeriana* Sacc.，异名：茶

蘑子小穴壳菌（*D. ribis* Grossenb. et Duggar）]，该病菌可侵染苹果、梨、海棠、桃、李、杏、蓝莓等多种果树。

病菌以菌丝、分生孢子器及子囊壳在病枝上越冬，风雨传播。病菌自苹果幼果期（落花后10天左右，此时幼果气孔已形成但未形成皮孔）后开始侵染，4～7月传染量最多。病菌侵入幼果后，初期呈潜伏状态，到果实近成熟时或储藏期生活力减弱后，潜伏菌丝迅速蔓延扩展才出现症状。

幼果期降雨次数多，持续时间长，发病重；在果实生育期，特别是在5～7月，降雨多、雨日多、雾露多，地势低洼地点发病重；树势衰弱，病害严重，特别是老园补植的幼树最易染病；管理不当，偏施氮肥，会加重病害的发生；凡皮孔密度大、细胞结构疏松的品种都易感病，反之则比较抗病。害虫为害严重的枝干或果实发病重。水平生长的枝条腹面病斑多于背面，直立生长的枝条阴面病斑对于阳面。

3.防治适期

苹果露花至套袋前后施药，幼果期无雨年份，可晚施药，控制施药间隔期7～10天，一般春季少雨年份喷施5～6次，多雨年份增加喷施次数至7～8次。

4.防控技术

（1）农业防治。加强果园水肥管理，增施有机肥；合理修剪、适时疏花疏果，防止大小年现象；及时清除枝干病斑，发芽前将枝干上的轮纹病与干腐病斑刮干净并集中烧毁，减少初侵染源；为害严重的果园应推广使用果实套袋，套袋前喷施保护性药剂可有效降低果实轮纹病的发生（图2-20）；春季果树萌动至春梢停止生长时期，随时刮除树体主干和大枝上的轮纹病瘤、病斑及干腐病病皮（图2-21），同时对果树喷一次3～5波美度石硫合剂保护树体。

（2）化学防治。病瘤部位刮除后涂抹10%甲基硫菌灵（果康宝）15～25倍液，进行杀菌消毒，可促进病组织翘离和脱落；生长期喷施保护性杀菌剂，一般从落花后10天开始，可用10%苯醚甲环唑水分散粒剂（世高）2 000～2 500倍液、80%代森锰锌800

倍液、70%甲基硫菌灵可湿性粉剂800倍液、430克/升戊唑醇悬浮剂4 000倍液、50%多菌灵可湿性粉剂600倍液等药剂喷施，施药间隔期15～20天。采前喷施1～2次内吸性杀菌剂，采收后用仲丁胺200倍液浸果3～5分钟后储藏，可增加防治效果。

图2-20　果实套袋

图2-21　轻刮树皮

（3）储藏管理。储运前严格剔除病果及受其他损伤的果实，并用仲丁胺200倍液，或咪鲜胺、噻菌灵、乙磷铝等浸果，晾干后低温储藏（0～2℃）。

五、苹果树腐烂病

苹果树腐烂病俗称烂皮病、臭皮病。在我国各苹果产区均有发生，黄河流域及其以北果区，树龄较大的结果树发病严重。腐烂病主要为害枝干，也可为害幼树和苗木，是我国目前削弱树势、造成死枝死树甚至毁园的重要病害（图2-22至图2-24）。

1.田间诊断

该病按照病斑的表现类型可分为溃疡型和枝枯型两类。

（1）溃疡型。发病初期病部红褐色，常流出黄褐色汁液，树皮皮下组织松软、呈红褐色、有酒糟味。发病后期病部出现黑色小点（分生孢子器），雨后小黑点上可见有金黄色的丝状孢子角溢出（图2-25至图2-28）。

图2-23　腐烂病死枝

图2-22　腐烂病死树

图2-24　腐烂病毁园

图2-25　溃疡型病斑

图2-26　病健交界内部

图2-27　发病后期分生孢子器

图2-28　腐烂病菌分生孢子角

（2）枝枯型。病部初始呈红褐色，略潮湿肿起，病斑很快变干、下陷，形成边缘不明显的不规则病斑，后期病部长出许多黑色小粒点（图2-29）。

图2-29　腐烂病枝枯型症状

2.发病规律

苹果树腐烂病为真菌病害。病原菌为黑腐皮壳［*Valsa cerato sperma*（Tode: Fr.）Maire，异名：苹果黑腐皮壳（*Valsa mali* Miyabe et Yamada）］，属子囊菌门黑腐皮壳属（图2-30）。其无性型为小壳囊壳孢［*Cytospora sacculus*（Schwein）Grrit. 异名：苹果壳囊孢（*C. mandshurica* Miura）］（图2-31）。该病菌除为害苹果及苹果属植物外，还可以侵染梨、桃、樱桃、梅等多种果树。

苹果树腐烂病是一种弱寄生性真菌引起的病害。它主要以菌丝、分生孢子器和子囊壳在病皮内和病残株枝干上越冬。次年春天，分生孢子器涌出孢子角，孢子角失水飞散出分生孢子。分生孢子借风雨和昆虫传播，由修剪等造成的伤口、冻伤、机械伤、虫伤以及果实采摘后留下的果痕伤口侵入，潜伏侵染。第二年春季病点扩展最快，形成病斑，3～4月为第一次发病高峰；晚秋10～11月，树体渐入休眠期，抗病力下降，再度发病而出现第二次小高峰。

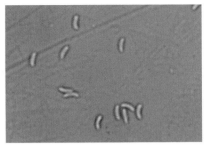

图2-30　腐烂病病菌菌丝　　　　图2-31　腐烂病病菌分生孢子角

3.防治适期

病菌一般3～5月侵染，7～8月发病，早春为发病高峰期，晚春后抗病力增强，发病锐减。从2月上旬至5月下旬、8月下旬至9月上旬，定期检查，发现病疤及时刮治。病皮及时收起并带出果园烧毁。改冬剪为春剪，减少剪枝口冻伤，选择晴朗的天气进行，做好剪锯口保护工作。

4.防控技术

（1）加强栽培管理。施足有机肥，增施磷钾肥，避免偏施氮肥，提倡秋季施肥，有机肥施入量占60%以上最佳；合理修剪控制负载量，克服大小年；清除病源；实行病疤桥接（图2-32）；对于易发生冻害的地区，提倡秋季对树干及主枝向阳面涂白。

图2-32　剪锯口发病　　　　　　图2-33　主枝桥接防治腐烂病

（2）铲除带菌树体，减少潜伏侵染。落皮层、皮下干斑及湿润坏死斑周围的干斑、树杈夹角皮下的褐色坏死点、各种伤口周围等，都是腐烂病病菌潜伏的主要场所。在每年的5～7月树体营养充分时进行重刮皮，冬春不太寒冷的地区春秋两季也可进行。但是重刮皮有削弱树势的作用，弱树不宜进行，刮除后要增施水肥，补充营养。刮皮的方法为：用锋利的刮刀将主干、主枝及大枝大侧枝表面的粗皮刮干净，但不能刮到木质部（露白）。刮下的树皮组织要集中销毁或深埋，但刮皮后不能涂药，以免发生药害。

同时对重症果园需每年进行2次药剂铲除，即落叶后初冬和萌芽前各1次，发病轻的果园1次即可，一般落叶后比萌芽前的效果要好，常用的药剂有：30％戊唑·多菌灵悬浮剂400～600倍液、77％硫酸铜钙可湿性粉剂200～300倍液、45％代森铵水剂200～300倍液等。

（3）树体保护是预防此病的积极措施。发芽前喷3～5波美度石硫合剂、430克/升戊唑醇3 000倍液、45％代森铵水剂300倍液等。

（4）病疤治疗是目前防治此病的有效方法。田间见到病斑随时刮治，刮治是需用锋利的刮刀将病变皮层彻底刮掉，且病斑边缘还要刮除1厘米左右的好组织，以确保刮除彻底。技术要点为：刮彻底；口要光滑，不留毛茬，没有急弯，防止不规范刮治（图2-34）。刮治后病组织要集中销毁，并对患处涂药保护（图2-35），药剂边缘应超出病斑边缘1.5～2厘米，一个月后需要在补涂1次。

图2-34　腐烂病不规范刮治

图2-35　正确刮治后的愈合伤口

可选药剂有：2.12%腐殖酸铜水剂原液、3.315%甲硫·萘乙酸、843康复剂、45%代森铵水剂300倍液等。

六、苹果干腐病

苹果干腐病又名干腐烂、胴腐病，是苹果树枝干的重要病害之一，为害定植苗、幼树、老弱树的枝干，常造成死苗甚至毁园。一般从嫁接部开始发病，逐步向上扩展，形成暗褐色至黑褐色的病斑，严重时幼树枯死。最新研究报道表明，苹果干腐病与苹果轮纹病由同一种病菌引起，干腐型症状是轮纹病在枝干上的一种表现形式。

1.田间诊断

干腐病症状分为溃疡型和枝枯型。

（1）溃疡型。病斑暗紫色或暗褐色、形状不规则、表面湿润，常溢出茶色黏液。病斑处皮层暗褐色皮组织腐烂，较硬，不烂到木质部，无酒糟味（图2-36）。病斑失水后干枯凹陷，病健交界处常裂开，中部出现纵横裂纹，多个病斑合并，绕茎一周，使枝条枯死（图2-37和图2-38）。发病后期病部出现小黑点（分生孢子器），比腐烂病小而密（图2-39和图2-40）。

（2）枝枯型。发病枝条多在衰老树的上部，病斑最初为暗褐色或紫褐色的椭圆形斑，之后迅速扩展成凹陷的条斑，深达木质部，病斑上密生小黑点。果实发病与轮纹病不易区别，统称为轮纹烂果病。

图2-36　幼树发病

图2-37 溃疡型病斑

图2-38 侧枝发病

图2-39 干腐病发病盛期冒油

图2-40 干腐病后期产生的分生孢子器

2.发病规律

该病病原菌和苹果树轮纹病病原菌相同，为葡萄座腔菌

图2-41 干腐菌菌丝

（*Botryosphaeria dothidea*）， 属子囊菌门真菌（图2-41）。病菌以菌丝体、分生孢子器及子囊壳及菌丝在枝干病部越冬，翌年春天产生孢子进行侵染，病菌孢子随风雨传播，通过伤口、枯芽或皮孔侵入。干腐病病菌具有潜伏特性，寄生力弱，只能侵害衰弱植株或移植后缓苗

期的苗木。病菌先在伤口组织上生长一段时间，再侵害活动组织。当树皮水分低于正常情况时，病菌扩展迅速。苹果生长期都可发病，6～8月和10月为两个发病高峰。

树势衰弱是病害的发生流行重要因素。凡管理不良，树势衰弱的果树发病重；严重干旱或涝害是诱发病害的重要因素，干腐病在干旱年份发病多，在雨水调和的年份发病少；枝干伤口多易发病，冻害后干腐病发生较多；国光、青香蕉、红星等品种发病重，红玉、元帅、祝光、鸡冠等发病轻。

3.防治适期

晚秋、早春应检查幼树枝干、根颈部位，发现病斑应及时涂药防治。同时在栽植时严格剔除病苗，以春季喷铲除剂为主，然后刮治。

4.防控技术

（1）加强管理，增强树势，提高树体抗病力。改良土壤，提高土壤保水保肥力，旱涝时及时灌排。保护树体，减少各类伤口的产生同时做好防冻工作是防治干腐病的关键性措施。

（2）彻底刮除病斑。在发病初期，削掉变色的病部或刮掉病斑。果树发芽前喷3～5波美度石硫合剂保护（图2-42），4月中旬至5月中旬喷杀菌剂注意保护枝干。

图2-42　喷施石硫合剂保护树体

（3）果实防治同轮纹病。落花后10天开始施药。可选用药剂有70％代森锰锌可湿性粉剂500～800倍液、40％多菌灵胶悬剂800～1 000倍液、43％戊唑醇悬浮剂4 000倍液等。

（4）清除菌源。不使用该病原菌的其他寄主（如苹果、蓝莓、杨、柳等）做撑棍，及时摘除病果，清除残枝。

七、苹果霉心病

苹果霉心病又名心腐病、果腐病、红腐病、霉腐病。在渤海湾、黄河故道、西北高原等主要苹果产区都有发生，主要为害元帅、富士、红星、伏锦等品种。

1.田间诊断

病果外观常表现正常，与正常果实相比病果明显变轻。剖开病果，可见果实心室坏死变褐，逐渐向外扩展腐烂（图2-43和图2-44）。果心充满粉红色霉状物，也有的为灰绿色、黑褐色或白色霉状物，有时颜色各异的霉状物同时出现（图2-45）。病菌突破心室壁扩展到心室外，引起果肉腐烂（图2-46）。苹果霉

图2-43　染病初期果实心室

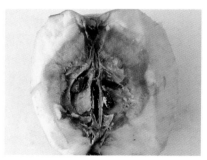

图2-44　霉心病发病中后期

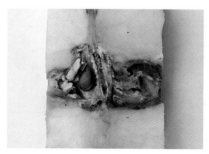

图2-45　发病后期果心出现霉状物

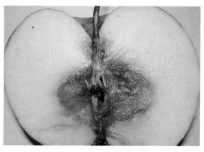

图2-46　果肉腐烂

心病是由霉心和心腐两种症状构成，其中霉心症状为果心发霉，但果肉不腐烂；心腐症状不仅果心发霉，而且果肉也由里向外腐烂。

2. 发病规律

霉心病是由多种弱寄生菌混合侵染造成的，各地鉴定的结果不完全一致，但常见的有粉红单端孢（*Trichothecium roseum*），链格孢（*Alternaria alternata*）和串珠镰孢菌（*Fusarium moniliforme*）3种真菌，此外人们在病果果心中还分离到节孢状镰孢菌（*F. arthrosporioides*）、青霉（*Penicillium* sp.）、棱孢霉（*Fusidium* sp.）、拟青霉（*Paecilomyces* sp.）、棒盘孢（*Coryneum* sp.）、狭截盘多毛孢（*Truncatella angustata*）、芽枝状枝孢（*Cladosporium cladosporioides*）、射线孢（*Asteroma* sp.）、盘明针孢（*Libertella* sp.）、球毛壳（*Chaetomium globesum*）、曲霉（*Aspergillus* sp.）以及多种镰孢菌（*Fusarium* spp.）等20多个属的真菌。

病菌在僵果或其他坏死组织上越冬。病菌自花瓣张开后首先定殖于花柱，随后在萼心间组织蔓延而侵入果实心室。此后，在整个果实发育期，病菌陆续进入心室，直至果实采收。苹果霉心病病菌具有潜伏侵染的特点，即于花期侵染，多数在中后期发病。一般6月下旬可解剖刀霉心病病果，果实发育后期逐渐增多，病果较健果易脱落。

霉心病的发生与苹果品种的关系最为密切。果实的萼口开、萼筒长、萼筒与心室相通的品种感病重，萼心闭、萼筒短、萼筒与心室不相通的品种则抗病。此外，降雨早、雨量多，果园地势低洼、郁闭，通风不良等均利于发病。

3. 防治适期

苹果树花芽露红前期、终花期和坐果期全园喷施保护性杀菌剂，可有效降低苹果霉心病的发生。

4. 防控技术

（1）种植抗病品种。如金冠、祝光、秦冠、国光等。

（2）清除菌源。生长季节随时清除病果，秋末冬初彻底清除病果、僵果和病枯枝，集中烧毁。

（3）化学防治。在苹果萌芽之前，结合其他病害的防治，全园喷布 3 ~ 5 波美度石硫合剂加0.3％的80％五氯酚钠铲除树体上越冬的病菌。初花期喷1次杀菌剂，可选择10％多抗霉素1 000倍液、50％异菌脲1 000 ~ 1 500倍液。终花期和坐果期各喷1次杀菌剂，两次用药间隔为10 ~ 15天。

（4）加强储藏期管理。果实采收后24小时内，果库温度应保持在0.5 ~ 1℃，相对湿度90％左右，防止苹果霉心病的扩展蔓延。

八、苹果白粉病

苹果白粉病在我国各苹果产区均有发生，除了为害苹果属果树外，也可为害梨树、沙果、海棠等。

1. 田间诊断

主要为害嫩枝、叶片、新梢，也为害花及幼果。病部布满白粉是此病的主要特征。

被害幼苗的叶片及嫩茎上产生灰白色斑块（图2-47），发病严重时叶片萎缩、卷曲、变褐、枯死，后期病部长出密集的小黑点。大树被害，芽干瘪尖瘦，春季发芽晚，节间短，病叶狭长，质硬而脆，叶缘上卷，直立不伸展，新梢满覆白粉。生长期健叶被害，凹凸不平，叶绿素浓淡不匀，病叶皱缩扭曲，甚至枯死（图2-48和图2-49）。

图2-47　被害幼苗

图2-48 苹果白粉病发病叶片正面　　图2-49 苹果白粉病发病中后期叶片

2. 发病规律

苹果白粉病的病原为白叉丝单囊壳 [*Podosphaera leucotricha* (EII. et Ev.) Salm.]，属子囊菌门核菌纲白粉菌目。无性型为 *Oidium* sp.。病菌以菌丝在芽内越冬。春季芽萌发时，菌丝扩展并产生大量分生孢子，随风传播，可侵染嫩叶、新梢、花器和幼果。短时间内可重复侵染，产生大量分生孢子梗和分生孢子，在病部组织表面形成白色粉状物。

3. 防治适期

该病受气候影响严重，在春季和秋季有两次发病高峰，其中以春季至夏初为全年的主要发病时期和为害严重时期。防治关键时期在萌芽期和花前花后。

4. 防治方法

（1）农业防治。在增强树势的前提下，要重视冬季和早春连续、彻底剪病梢，减少越冬病原。

（2）化学防治。硫制剂对该病防治效果良好。萌芽期喷3波美度石硫合剂。花前可喷50%硫悬浮剂150倍液。发病重时，花后可连喷2次25%三唑酮1 500倍液。

九、苹果锈病

苹果锈病又名赤星病，我国各苹果产区均有发生。但因该病是转主寄生病害，所以只在有转主寄主的地区或城市郊区才会发病较重。

1.田间诊断

苹果锈病可为害叶片、新梢、果实。叶片受害，在病部先出现橙黄色、油亮的小圆点（图2-50）。随病情扩展扩展，病斑中央色泽变深，长出许多小黑点并溢出透明液滴。随着液滴干燥，性孢子变黑，病部组织增厚、肿胀（图2-51）。叶背面或果实病斑四周，长出黄褐色"羊胡子"状丛毛状物，内有大量褐色粉末（图2-52和图2-53）。

图2-50　苹果锈病初期症状

图2-51　苹果锈病叶片正面症状

图2-52　苹果锈病叶柄症状

图2-53　苹果锈病叶片背面症状

2.发病规律

该病病菌为山田胶锈菌（*Gymnosporangium yamadai* Miyabe），属担子菌门真菌。苹果锈病病菌是一种转主寄生菌，寄主主要是桧柏。病菌在桧柏小枝上，以菌丝体在菌瘿中越冬，来年春天形成褐色冬孢子角。雨后或空气极潮湿时，冬孢子角吸水膨胀，萌发产生大量担孢子，随风雨传播到苹果树上。侵染苹果叶片、叶柄及幼果，在病斑上形成性孢子和锈孢子，待锈孢子成熟后，再随风传到桧柏上，侵害桧柏枝条。桧柏的有无、多少和分布，春季3～4月降雨和气温，是决定苹果锈病发生和流行的主要因素。病害的发生受气候影响较大，苹果萌芽到幼果期，温暖多雨且有风，病害易发生和流行。春旱或虽有雨，但气温偏低，病害发生轻。红星、金冠、国光、倭锦等品种发病较重。

3.防治适期

自苹果叶片展叶期开始，观察记录每次降雨情况，根据降雨期间的平均气温和降雨持续时间预测有无侵染，适时施药防治。

4.防控技术

（1）铲除桧柏。新建果园应远离桧柏、龙柏等植物，保证果园与转主寄主间的距离不能小于5千米。风景旅游区有桧柏的地方，不宜发展种植苹果。

（2）转主寄主春季防治。冬春应检查菌瘿、"胶花"是否出现，及时剪除，集中销毁。苹果发芽至幼果拇指大小时，在桧柏上喷0.5波美度石硫合剂，全树喷药，1～2次。

（3）化学防治。苹果自芽萌动至幼果期喷药1～2次。特别是在4月中下旬有雨时，必须喷药。可用20%三唑酮（粉锈宁）可湿性粉剂1000～1500倍液、50%甲基硫菌灵可湿性粉剂600～800倍液、10%苯醚甲环唑水分散粒剂2000～2500倍液，也可用波尔多液（1：2：200～240）。

十、苹果炭疽叶枯病

苹果炭疽叶枯病是近年来发生的新病害，主要为害嘎拉、乔纳金、秦冠等元帅系品种，造成早期落叶，也侵染果实，导致很多褐色斑点，严重影响果品的销售。

1. 田间诊断

该病主要为害叶片，初期症状为黑色坏死病斑，病斑边缘模糊。在高温高湿条件下，病斑扩展迅速，1～2天内可蔓延至整张叶片，使整张叶片变黑坏死。发病叶片失水后呈焦枯状，随后脱落。当环境条件不适宜时，病斑停止扩展，在叶片上形成大小不等的枯死斑，病斑周围的健康组织随后变黄，病重叶片很快脱落。当病斑较小、较多时，病叶的症状酷似于褐斑病的症状（图2-54和图2-55）。病菌侵染未套袋果实后仅形成直径2～3毫米的圆形坏死斑，

图2-54　炭疽叶枯病田间发病症状

图2-55　炭疽叶枯病染病叶片

图2-56　未套袋果实染病症状

图2-57　套袋果实染病症状

病斑凹陷，周围有红色晕圈，自然条件下果实病斑上很少产孢，与常见的苹果炭疽病的症状明显不同（图2-56和图2-57）。

2.发病规律

该病由炭疽菌（*Colletotrichum* spp.）引起，有性阶段属子囊菌门。该病病菌在僵果、病枝及落叶上越冬，翌年气温适宜时遇降雨，病部释放出分生孢子并开始侵染叶片。炭疽叶枯病与雨水有直接关系，8～9月有连阴雨时，病菌有多次再侵染，病害发生迅速。炭疽叶枯病在金冠、秦冠、嘎拉、乔纳金等品种上为害严重，富士上表现出抗病性。

3.防治适期

有报道指出，该病发生与7月降雨关系密切，随着降水量及次数增加而增重，其他月份降雨对该病害影响不大。

4.防控技术

（1）农业防治。做好果园夏季排水，防止果园生理落叶；注意夏季修剪，避免树冠郁闭；注意冬春季节清扫果园、去除僵果等，减少果园带菌数量。

（2）化学防治。结合其他果树病害的防治，施用50%吡唑醚菌酯乳油3 000～5 000倍液、80%代森锰锌可湿性粉剂600～800倍液、波尔多液1 000～1 500倍液等药剂对树体进行保护。发病初期，施用25%咪鲜胺乳油1 500～2 000倍液、80%代森锰锌可湿性粉剂600～800倍液等进行防治。对于10月大量落叶的果园，喷施波尔多液1 000～1 500倍液，次年4月苹果萌芽前再次施药，铲除枝条和休眠芽上的越冬菌源。

十一、苹果煤污病

苹果煤污病又名水锈病，主要在果实近成熟期发生，在潮湿多雨的地区果园发病较多。染病果实果面往往布满煤烟状污斑，影响果实外观和降低商品价值。该病除为害苹果外，还能为害各种果树、野生林木和灌木。

1.田间诊断

图2-58　煤污病果实症状

该病多发生在果皮外部，受害果实果面产生棕褐色或深褐色污斑，边缘不明显，似煤斑，菌丝层很薄用手易擦去，常沿雨水下流方向发病，发生严重时，果面常布满煤污状病斑（图2-58）。严重影响果实外观和果实着色。枝条发病，其表面散出绿色菌丛，削弱枝条生长。该病也可为害叶片，症状同果实。

2.发病规律

该病病原为仁果粘壳孢菌，[*Gloeodes pomigina*（Schw.）Colby]，属无性型真菌。病菌以菌丝和孢子器在一年生枝、果台、短果枝、顶芽、侧芽及树体表面等部位越冬。次年春天产生分生孢子，分生孢子和菌丝随风雨、昆虫传播。侵染叶、枝、果实表面，自6月上旬至9月下旬均可发病。侵染集中于7月初到8月中旬，高温多雨季节繁殖扩展迅速，可多次再侵染。凡树冠郁密、管理粗放的果园，防治不及时，可在半月内果面变污黑，严重发病。

3.防治适期

发病初期进行药剂防治效果较好。

4.防控技术

（1）农业防治。冬季清除果园内落叶、病果、剪除树上的徒长枝集中烧毁，减少病虫越冬基数；夏季管理，7月对郁闭果园进行2次夏剪，疏除徒长枝、背上枝、过密枝，使树冠通风透光，同时注意除草和排水。对果实进行套袋。

（2）化学防治。发病初期药剂防治，可选用1∶2∶200波尔多液、77%氢氧化铜可湿性粉剂500倍液、75%百菌清可湿性粉剂800～900倍液、70%甲基硫菌灵可湿性粉剂1 000倍液、80%代森锰锌可湿性粉剂800倍液、10%多氧霉素可湿性粉剂1 000～1 500倍液、50%苯菌灵可湿性粉剂1 500倍液、50%乙烯菌核利可湿性粉剂1 200倍液。在降雨量大、雾露日多的平原、滨海果园以及通风不良的山沟果园，喷药3～5次，每次相隔10～15天。可结合防治轮纹病、炭疽病、褐斑病等一起进行。

十二、苹果病毒病

我国主要的苹果病毒有6种，分别为：苹果锈果类病毒（*Apple scar skin viroid*，ASSVd）、苹果花叶病毒（*Apple mosaic virus*，ApMV）、苹果绿皱果病毒（*Apple green crinkle virus*，AgrCV）、苹果褪绿叶斑病毒（*Apple chlorotic leafspot virus*，ACLSV）、苹果茎沟病毒（*Apple stem grooving virus*，ASGV）和苹果茎痘病毒（*Apple stem pitting virus*，ASPV），其中前3种病毒属于非潜隐性病毒，被此类病毒侵染后大部分栽培品种都表现明显症状，分别为苹果锈果类病毒病、苹果花叶病毒病和苹果绿皱果病毒病。

（一）苹果锈果类病毒病

苹果锈果类病毒病俗称花脸病，是由类病毒引起的传染性病害。在我国各苹果产区均有发生，并有扩展蔓延趋势。病树果实畸形龟裂，失去商品价值，危害损失严重。除苹果外，该病毒还可为害海棠、沙果和梨。

1. 田间诊断

锈果病的症状主要表现在果实上，有些品种的幼苗和枝干上也可表现症状。果实上的症状主要有3种类型，即锈果型、花脸型及混合型。

（1）锈果型。这是主要症状类型。常见于富士、国光、白龙、印度等品种上。主要表现为落花后1个月左右从萼洼处开始出现淡绿色水渍状病斑，然后沿果面纵向扩展，形成与心室相对的5条斑纹。由于病斑处果皮逐渐木栓化，斑纹逐渐由黄绿色变为铁锈色，

最后形成典型的锈状斑纹。由于果皮细胞木栓化，使果皮停止生长，在果实生长过程中，逐渐导致果皮龟裂，甚至造成果实畸形。病果比健果小，果肉少汁且硬而无味，失去食用价值。

（2）花脸型。常见于祝光、倭锦、元帅、海棠、沙果、槟子等树上。果实在着色前无明显变化，着色后果面上散生许多近圆形不着色的黄绿色斑块，成熟时斑块仍不着色，最后使果面呈现红色和黄绿色相间的"花脸"症状。病果着色部分凸起，不着色部分稍凹陷，致使果面略显凹凸不平。

（3）混合型。即锈果和花脸症状混合发生，多见于元帅、红星、新红星等品种上。病果在着色前，在萼洼附近出现锈色斑块；着色后在未发生锈斑的地方或锈斑周围产生产生不着色的斑块而呈"花脸"状。

2.发病规律

苹果锈果病的病原为类病毒。通过嫁接和病健树根部接触传染。病树种子、花粉均不传染，嫁接后潜育期为 3 ~ 27 个月。自然条件下，病株有自然传播的例证，怀疑有传病昆虫或其他传播途径，但尚未查明。梨树可以携带该病的病原，但不表现任何症状。靠近梨园或梨树混栽的苹果发病较重，说明该病有可能从梨树上传播到苹果树上。

3.防控技术

防治该病应以预防为主。新建果园栽植无病苗木是彻底避免发病的有效措施，此外建立新苹果园时应远离梨园150米以上，避免与梨树混栽；严格选用无病的接穗和砧木，培育无病苗木，用种子繁殖可以基本保证砧木无病；嫁接时应选择多年无病的树为取接穗的母树；不用修剪过病树的剪、锯修剪健树；用青霉素连年输液，或病毒特500倍液灌根和喷施可降低病果率；初夏时对病树主枝进行半环剥，在环剥处包上蘸过0.015% ~ 0.03%浓度的土霉素、四环素或链霉素的脱脂棉，外用塑料薄膜包裹。果实膨大期用80%代森锌可湿性粉剂500倍液或硼砂200倍液，喷于果面，7月上中旬起每周喷1次，共喷3次可对该病有一定的治疗效果。

（二）苹果花叶病毒病

苹果花叶病毒病在我国大部分苹果产区都有发生，是一种发生较普遍的病毒病。花叶病除为害苹果、花红、海棠果、沙果、槟子、山楂等果树外，还可为害梨、木瓜等。

1.田间诊断

该病害主要表现在叶片上（图2-59），由于苹果品种的不同和病毒株系间的差异，可形成下列几种症状。

（1）斑驳型。病叶上出现大小不等，边缘清晰的鲜黄色的病斑，后期病斑处常易枯死。在年生长周期中，这种病出现最早，而且是花叶病中常见的一种症状。

（2）花叶型。病中上出现较大块的深绿与浅绿的色变斑，边缘清晰，发生略迟，数量不多。

图2-59　混合型症状

（3）条斑型。病叶上会沿中脉失绿黄化，并延及附近的叶肉组织。有时也沿主脉及支脉发黄化，变色部分较宽；有时主脉、支脉、小脉都会呈现较窄的黄化，能使整叶呈网纹状（图2-60）。

（4）环斑型。病中上会产生鲜黄色的环状或近似环状的病纹斑，环内仍呈绿色，此类病斑发生一般少且发生晚（图2-61）。

（5）镶边型。病叶边缘的锯齿及其附近发生黄化，从而在叶边缘形成一条变色黄边，近似缺钾症状，病中的其他部分表现正常。这种病症仅在金冠、青香蕉等少数品种上可以偶尔见到。

 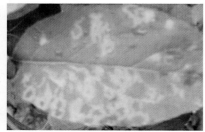

图2-60　条斑型症状　　　　　图2-61　环斑型症状

在自然条件下，病症可以在同一株、同一枝甚至同一叶片上同时出现，但有时也能出现一种类型。在病重的树上叶片易变色、环死、扭曲、皱缩，有时还可导致早期落叶。

2.发病规律

苹果花叶病是由一种球状植物病毒侵染引起的，树体感染病毒后，全身病毒，不断增殖终生为害。该病可由汁液和嫁接传播，无论砧木或接穗带毒，均可形成新的病株。嫁接后的潜育期长短不一，一般3～27个月。症状表现与环境条件、接种时间、供试植物的大小有关系。

3.防控技术

培育无病毒接穗和实生苗木，采集接穗时一定要严格挑选健株，对未结果的病株应及时刨除。此外，由于该病原体可在梨树上潜伏，避免苹果与梨树混栽。利用弱病株系对致病强的毒系用干扰作用，减轻病情。春季发病初期，可喷洒1.5％植病灵乳剂1 000倍液或83增抗剂100倍液，施药间隔期10～15天，连续喷施2～3次。此外对苹果树施好锌、钼、磷、钾、铜等肥料，以此提高苹果的抗病能力。

（三）苹果皱叶病毒病

1.田间诊断

苹果皱叶病毒病主要在叶片、果实、树皮和花上产生不同类型的症状。叶片上的典型症状是沿叶脉或支脉形成浅黄或深黄色斑纹，产生黄斑的叶片优势皱缩和扭曲。树皮症状主要是形成疱疹，严重时发生腐烂。花上的症状是花瓣畸形、变褐、或产生红斑或环斑。果实症状主要是果实畸形，果皮上产生痘斑、疱斑、环斑。

2.发病规律

苹果皱叶病毒病通过嫁接传染。

3.防控技术

拔除重病树，培育和栽培无病毒苗木。

（四）苹果茎痘病毒病

苹果茎痘病毒病分布广泛，在世界各地栽培地苹果上均有该病危害。染病嫁接苗，易发生枯死现象。高接换头品种树，高接后几年发生整株急剧衰退现象，造成树体生长阻滞，甚至死亡。

1.田间诊断

苹果茎痘病毒病在多种主栽品种上呈潜伏侵染，不表现症状，在感病的苹果品种木质部产生茎痘斑，在某些敏感的梨品种上，出现叶脉变黄，叶片上坏死斑，果实畸形等症状。

2.发病规律

病原为苹果茎痘病毒（*Apple stem pitting virus*）。该病毒可侵染木本植物中的苹果和梨。依靠嫁接传播，未发现传毒介体。

3.防控技术

培育和栽植无病毒苹果苗木；可能的话不用或少用高接换头法进行苹果品种改良；引进的无病毒繁殖材料要进行病毒检验。

（五）苹果茎沟病毒病

苹果茎沟病毒病在世界各国均普遍发生，在苹果栽培品种和矮化砧木上的分布极为广泛。

1.田间诊断

该病毒在多数品种上潜伏侵染，影响树体生长量和产量。但砧穗组合比较感病时，该病毒常导致根系坏死，在病根木质部上产生可见条沟，染病植株新梢生长量减少，叶片小而硬，色淡绿，落叶早，病树开花多而坐果少，且果实普遍偏小，果肉坚硬，病树在 3～5 年后衰退枯死。在果园中苹果茎沟病毒常与苹果褪绿叶斑病毒、苹果茎痘病毒同时混合侵染。

2.发病规律

病原为苹果茎沟病毒（*Apple stem grooving virus*）。主要通过嫁接传染，也可通过病、健株根系接触传播。昆诺藜和大果海棠的种子可传播该病毒。病害的远距离传播主要靠苗木、接穗等繁殖材料的调运。

3.防控技术

培育和栽植无病毒苗木；控制高接传毒；尽量不用无融合型砧木作苹果砧木；引进无病毒繁殖材料要进行病毒检验。

十三、苹果生理性病害

苹果生理性病害，又称非传染性病害，它是由不适宜的非生物因素直接引发的病害。常见的有苹果小叶病、苹果黄叶病、苹果缩果病和苹果苦痘病等。

（一）苹果小叶病

1.田间诊断

该病是因土壤中缺少锌元素引起的生理病害，在沙质薄地、碱性土壤的果园中发生重。主要为害新梢和叶片，春季病树发芽较晚，抽叶后生长停滞，叶片狭小细长，叶缘向上，叶质硬而脆，叶色呈淡黄绿色，或淡浓不匀，簇生成丛状，易早落。病枝节间缩短，生长衰弱，后期或枯死。在枯枝下方又可另发新枝，仍表现同样症状。病树花芽减少，花朵小而色淡，不易坐果，所结的果实小而畸形。初发病的幼树，根系发育不良；老病树的根系有腐烂现象，树冠稀疏，产量很低。

苹果树品种间缺锌的反应有明显差异。红玉、倭锦最易发生小叶病，白龙、美夏、金冠、国光稍轻，元帅、红星、印度等发病重。

2.防治方法

增施锌肥或降低土壤pH（增加锌盐的溶解度），是防治该病的有效途径。花芽前树上喷施3%～5%的硫酸锌或发芽初喷施1%的硫酸锌溶液当年即可见到防治效果。发芽前或初发芽时，在有病枝头涂抹1%～2%硫酸锌溶液，可促进新梢生长。对盐碱地、黏土地、沙地等土壤条件不良的果园，适当改善土壤的pH，释放被固定的锌元素，可从根本上解决缺锌小叶问题。

（二）苹果黄叶病

1.田间诊断

苹果黄叶病又叫白叶症、褪绿症等，在我国各苹果产区均有发生，该病是因土壤中缺少铁元素引起的生理病害。多发生在盐碱地或钙质土壤的果园，尤其是苗期和幼树受害严重。病害多从新梢顶端幼嫩叶片开始，初期叶片先变黄，叶脉仍为绿色，叶片呈绿色网纹状。随后叶片逐渐变黄，严重时整叶变白，叶缘枯焦，叶片提前脱落。一般树冠外围的新梢顶端叶片发病较重，下部老叶发病较轻。严重缺铁时，新梢顶端枯死。病树果实绿色。

2.防控技术

一切加重土壤盐碱化程度的因素，都能加重缺铁症的表现，盐碱较重的土壤中，可溶性的二价铁转化为不可溶的三价铁，不能被植物吸收利用，使果树出现缺铁症状。可以使用0.4%硫酸亚铁溶液或0.5%柠檬酸铁叶面喷施，施肥间隔期20天；根系埋晶体硫酸亚铁、柠檬酸铁，在盐碱较重的地块可将上述晶体溶解后置入容器，将苹果树细根插入容器内。

（三）苹果缩果病

苹果缩果病在我国各果区均有发生，是土壤中缺少硼元素引起的生理病害。山地及沙质土壤的果园发生较重，干旱年份偏重。

1.田间诊断

病害主要表现在果实上，落花后至采收期均可发生，以每年6月发病较多，初期在幼果背阴面产生圆形红褐色斑点，病部皮下果肉呈水渍状、半透明，病斑一面溢出黄褐色黏液。后期果肉坏死变为褐色至暗褐色，病斑干缩凹陷开裂。病情严重时可引起大量落果，产量降低，品质变劣。有的品种新梢、芽和叶也表现出症状。

2.防控技术

（1）土壤沟施。秋季落叶后或早春发芽前，树下沟施硼砂或硼酸，施肥后充分灌水，每棵树施药量因树龄大小而异，一般树干直径7.5～15厘米，硼砂用量为50～150克；树干直径20～25厘米，硼砂用量为120～210克；树干直径30厘米以上，硼砂用量为210～500克。

（2）果树喷施。开花前、开花期和开花后个喷施1次0.3%硼砂水溶液，见效快，效果良好，当年见效，但此方法持效期较短。

（四）苹果苦痘病

苹果苦痘病又称苦陷病，是苹果成熟期及储藏期常发生的生理性病害，该病通常被认为是缺钙症，确切地说，应为钙营养失调症。修剪过重、偏施氮肥、树体过旺及肥、水不良的果园发病重。国光、青香蕉、金冠、红星等品种更易发病。

1.田间诊断

该病在果实近成熟时开始出现症状，贮藏期继续发展。发病初期，病斑多以皮孔为中心，在红色果上呈暗褐色（图2-62），在绿色或黄绿色果上呈浓绿色，近圆形，周围有暗红色或黄绿色晕圈。后期病部干缩，表皮坏死，显现出凹陷的褐斑（图2-63），食之有苦味。贮藏后期，病部组织易被杂菌侵染而腐烂。

图2-62　暗褐色病斑　　　　　　　　图2-63　凹陷褐斑

2.防控技术

避免偏施氮肥，增施有机肥；合理灌水，雨季及时排水；病重果园，可在果实生长中、后期喷施70%氯化钙150倍液，每间隔20天喷施1次，喷施3～4次可达到良好效果，气温高时，为防止氯化钙灼伤叶片，可改喷施硝酸钙。

（五）苹果日灼病

苹果果实、枝干均可发生日灼病，主要发生与夏季强光直接照射的果面或树干。

1.田间诊断

被害果初呈黄色，绿色或白色（红色果），圆形或不定形，后变褐色坏死斑块，有时周围具红色晕圈或凹陷，果肉木栓化，日灼病仅发生在果实皮层，病斑内部果肉不变色，易形成畸形果。主干、大枝染病，向阳面呈不规则焦煳斑块，易遭腐烂病病菌侵染，引致腐烂或削弱树势。

一般土壤水分供应不足，修剪过重，病虫为害重导致早期落叶，尤其是保水不良的山坡或沙砾地，遇夏季久旱或排水不良，易导致日灼病的发生。枝干受害的原因，为果树冬季落叶后，树体光秃，白天阳光直射主干或大枝，致向阳面昼夜温差过大导致

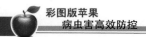

细胞反复冻融后受损。红色耐贮品种发病轻，不耐贮品种重。

2.防控技术

（1）选栽抗日灼病品种，同时加强果园管理，合理排灌水及时防治其他病害，保护果树枝叶齐全和正常生长发育。

（2）利用白色反光的原理对树体进行涂白，降低阳面温度，缩小昼夜温差；修剪时，西南方向多留枝条，可减轻日灼对枝干的为害；夏季修剪时，果实附近适当增加留叶遮盖果实防止烈日暴晒。

（3）疏果后半个月进行果实套袋，需要着色的果实，采前半个月摘袋可有效降低日灼病的发病率。

第三讲
苹果主要害虫
高效防控技术

一、桃小食心虫

桃小食心虫（*Carposina niponensis* Walsingham）属鳞翅目蛀果蛾科，又称桃蛀果蛾，简称"桃小"，在我国分布范围很广，许多果区均有发生为害，除为害苹果外，还可为害海棠、沙果、梨、山楂、桃、杏、李、枣等果实，其中以苹果和枣受害最重。

1. 田间诊断

苹果受害，在幼虫蛀果后不久从入果孔处流出泪珠状的胶质点（图3-1），胶质点很快干涸，在入果孔处留下一小片白色蜡质膜。随果实生长，入果孔愈合成一小黑点，周围果皮略呈凹陷（图3-2）。幼虫入果后在皮下潜食果肉，导致果面显出凹陷的潜痕，使果实逐渐畸形，称为"猴头果"（图3-3）。幼虫发育后期，食量增大，在果内纵横潜食，排粪于果实内部，使果实呈"豆沙馅"状，导致果实失去商品价值（图3-4）。

图3-1　幼虫蛀果后形成的"泪滴"

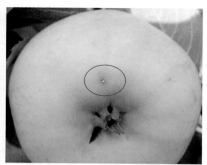

图3-2　桃小食心虫的蛀果孔

图3-3　猴头果

图3-4　果实呈"豆沙馅"状

2. 形态特征

图3-5　桃小食心虫成虫

成虫：雌虫体长7～8毫米，翅展16～18毫米；雄虫体长5～6毫米，翅展13～15毫米。全体灰白至灰褐色，复眼红褐色。雌虫唇须较长向前直伸，雄虫唇须较短而向上翘。前翅中部近前缘处有近似三角形蓝灰色大斑，近基部和中部有7～8簇黄褐或蓝褐色斜立鳞片。后翅灰色，缘毛长，浅灰色（图3-5）。

卵：椭圆形或桶形，初产时橙红色，渐变深红色，顶部环生2～3圈"Y"状刺毛，卵壳表面具不规则多角形网状刻纹（图3-6）。

幼虫：小幼虫黄白色；老熟幼虫桃红色，体长13～16毫米，前胸背板褐色，无臀刺（图3-7）。

蛹：体长6～8毫米，淡黄色渐变黄褐色，近羽化时变为灰黑色，体壁光滑无刺。

茧：有两种，一种为扁圆形的冬茧，直径6毫米，丝质紧密；一种为纺锤形的化蛹茧（也称夏茧），质地松软，长8～13毫米（图3-8和图3-9）。

图3-6　桃小食心虫卵

图3-7　桃小食心虫幼虫

图3-8　桃小食心虫冬茧

图3-9　桃小食心虫的冬茧（左）和夏茧（右）

3.发生规律

桃小食心虫在甘肃天水1年发生1代，吉林、辽宁、河北、山西和陕西1年发生2代，山东、江苏、河南1年发生3代，均以老熟幼虫在土壤中结冬茧越冬，树干周围1米范围内的3～6厘米土层中居多。越冬幼虫解除休眠需要经过较长时间的低温处理，冬茧在8℃的低温条件下保存3个月可顺利解除休眠。在自然条件下，春季当旬平均气温达17℃以上、土温达19℃、土壤含水量在10%以上时，幼虫则能顺利出土，浇地后或下雨后形成出土高峰。

辽宁果区，越冬幼虫一般年份从5月上旬破茧出土，出土期延续到7月中旬，盛期集中在6月。出土幼虫先在地面爬行一段时间，而后在土缝、树干基部缝隙及树叶下等处结纺锤形夏茧化蛹，蛹期半月左右。6月上旬出现越冬代成虫，一直延续到7月中下旬，发生盛期在6月下旬至7月上旬。成虫寿命6～7天，白天在树上枝叶背面和树下杂草等处潜伏，日落后活动，前半夜比较活跃，后半夜0:00～3:00交尾。交尾后1～2天开始产卵，多产于果实萼洼处。每雌虫平均产卵44粒，多者可达110粒。卵期一般7～8天。第一代卵发生在6月中旬至8月上旬，盛期为6月下旬至7月中旬。初孵幼虫有趋光性，初孵幼虫在果面爬行2～3小时后，多从胴部蛀入果内为害。幼虫在果内蛀食20～24天，老熟后从内向外咬1个较大脱果孔，然后爬出落地，发生早的则在地面隐蔽处结夏茧化蛹，发生晚的直接入土做冬茧越冬。蛹经过12天左右羽化，在果实萼洼处产卵发生第二代。第二代卵在7月下旬至9月上中旬发生，盛期为8月上中旬。幼虫孵出后蛀果为害25天左右，于8月下旬从果内脱出，在树下土壤中结冬茧滞育越冬。

4.预测预报

（1）越冬幼虫出土时期的预测预报。在具有代表性的果园，选择上年受害较重的5棵为调查树，开春后拣掉树盘范围内的石块、杂草，4月下旬每棵树以树干为圆心，在1米半径的圆内同心轮纹状放置小瓦片50片，从5月初开始，每天早、中、晚检查一次瓦片。

（2）成虫发生期的预测预报。从5月中下旬开始果园内设置桃小食心虫性外激素诱捕器，每10～20亩果园用对角线法设置5个，诱捕器间距离约50米。诱捕器用直径15厘米的大碗制成，碗内加500倍洗衣粉水溶液，将一枚含500微克性诱剂的诱芯悬挂在碗中央，其底部与水面保持1厘米距离。然后将诱捕器悬挂到指定地点树冠下距地面约1.5米高的树枝上。每日上午观察记录诱蛾数，捞出雄蛾并添加水。

（3）卵果率调查法。在果园采取对角线取样法，调查10～20棵树，在每棵树的东、西、南、北、中5个方位各调查50～100个果实，共调查1 000～2 000个，统计卵果率。

5.防治适期

（1）地面处理。在地面连续3天发现出土的幼虫时，即可发出预测预报，开始地面防治；当诱捕器连续2～3日诱到雄蛾时，表明地面防治已经到了最后的时刻，此时也是开展田间查卵的适宜时期。

（2）树上控制。6月上中旬桃小食心虫成虫开始陆续产卵，当田间卵果率达0.5%～1%时进行树上喷药。以后每10～15天喷1次，连喷2次。

6.防控技术

桃小食心虫的防控应采用地下防控与树上防控、化学防控与人工防控相结合的综合防控原则，根据虫情测报进行适期防控是提高好果率的技术关键。

（1）农业防治。生长季节及时摘除树上虫果、捡拾落地虫果，集中深埋，杀灭果内幼虫。树上摘除多从6月下旬开始，每半月进行1次。结合深秋至初冬深翻施肥，将树盘内10厘米深土层翻入施肥沟内，下层生土撒于树盘表面，促进越冬幼虫死亡。果树萌芽期，

图3-10　套纸袋的苹果

以树干基部为中心，重点在树冠投影的范围内覆盖塑料薄膜，边缘用土压实，能有效阻挡越冬幼虫出土和羽化的成虫飞出。尽量给果实套袋，阻止幼虫蛀食为害。套袋时间不能过晚，要在桃小产卵前完成，一般果园需在6月上中旬完成套袋（图3-10）。

（2）生物防治。

①昆虫病原线虫的应用。目前用来防治桃小食心虫的病原线虫为斯式线虫科的小卷蛾线虫。据报道，用线虫悬浮液喷施果园土表，当每亩用1亿～2亿侵染期线虫时，虫蛹被寄生的死亡率达到90%。昆虫被线虫感染后，体液呈橙色，虫尸淡褐色，不腐烂。

②白僵菌的利用。该菌在25℃、湿度90%时，有利于分生孢子的萌发和感染寄主，日光中的紫外线能杀死菌剂中的孢子，使侵染力的丧失，因此，在利用白僵菌防治桃小食心虫时，最好先喷药后覆草，既提高了土壤温度，又防止日光直射。施药的时间为越冬代和第一代幼虫的脱果期。

③性信息素。从5月中下旬开始在果园内悬挂桃小食心虫的性引诱剂，每亩2～3粒，诱杀雄成虫，1.5个月左右更换1次诱芯。该方法除了可对桃小成虫直接诱杀外，还可能用于虫情测报，以决定喷药时间（图3-11）。

图3-11　果园内悬挂桃小食心虫性引诱剂

（3）化学防治。

①地面处理。从越冬幼虫开始出土时进行地面用药，使用45%毒死蜱乳油300～500倍液，或48%毒·辛乳油200～300倍液均匀喷洒树下地面，喷湿表层土壤，然后耙松土壤表层，杀灭越冬代幼虫。一般年份5月中旬后果园下透雨后或浇灌后，是地面防治桃小食心虫的关键期。也可利用桃小性引诱剂测报，决

定施药适期。

②树上喷药防治。在卵果率0.5%～1%、初孵幼虫蛀果前树上喷药；也可通过性诱剂测报，在出现诱蛾高峰时立即喷药。防治第2代幼虫时，需在第1次喷药35～40天后进行。5～7天1次，每代均应喷药2～3次。常用有效药剂有：45%毒死蜱乳油1 200～1 500倍液、50%马拉硫磷乳油1 200～1 500倍液、1.8%甲氨基阿维菌素苯甲酸盐乳油3 000～4 000倍液、48%毒·辛乳油1 000～1 500倍液、4.5%高效氯氰菊酯乳油或水乳剂1 500～2 000倍液、25克/升高效氯氟氰菊酯乳油1 500～2 000倍液、20%甲氰菊酯乳油1 500～2 000倍液等。要求喷药必须及时、均匀、周到。

二、二斑叶螨

二斑叶螨（*Tetranychus urticae* Koch）属蛛形纲真螨目叶螨科，又称二点叶螨，俗称白蜘蛛，在我国许多苹果产区均有发生，可为害100多种植物，对苹果、梨、桃、杏、樱桃等均可造成严重危害，果园内间作草莓、蔬菜、花生、大豆等也可严重受害。

1.田间诊断

二斑叶螨主要在叶片背面吸取汁液为害，受害叶片先从近叶柄主脉两侧出现苍白色斑点，螨量大时叶片变灰白色至暗褐色，

图3-12　二斑叶螨为害状（1）　　　图3-13　二斑叶螨为害状（2）

严重时叶片焦枯甚至早期脱落。二斑叶螨有很强的吐丝结网习性，有时丝网可将全叶覆盖起来，并罗织到叶柄，甚至细丝还可在树体间搭接，叶螨顺丝爬行扩散（图3-12和图3-13）。

2.形态特征

成螨：雌成螨体长0.42～0.59毫米，体椭圆形，体背有刚毛26根，呈6横排。体色多为污白色、或黄白色，体背两侧各具1块暗褐色斑。越冬型为橘黄色，体背两侧无明显斑（图3-14）。雄成螨体长约0.26毫米，体卵圆形，后端尖削。体色为黄白色，体背两侧有明显褐斑（图3-15）。

幼螨：球形，白色，足3对，取食后变为绿色（图3-16）。

若螨：卵圆形，足4对，体淡绿色，体背两侧具暗绿色斑。

卵：球形，初产时乳白色，渐变为橘黄色，孵化前出现红色圆点。（图3-17）

图3-14　二斑叶螨雌成螨

图3-15　二斑叶螨雄成螨

图3-16　二斑叶螨幼螨

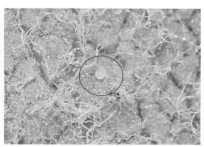

图3-17　二斑叶螨卵

3.发生规律

在南方1年发生20代以上；在北方1年发生12～15代，主要以受精的雌成虫在土缝、枯枝落叶下或小旋花、夏至草等宿根性杂草的根际等处吐丝结网潜伏越冬。在树木上则在树皮下，裂缝中或在根颈处的土中越冬。当3月平均温度达10℃左右时，越冬雌虫开始出蛰活动并产卵。越冬雌虫出蛰后多集中在早春寄主如小旋花、葎草及菊科、十字花科等杂草和草莓上为害，第一代卵也多产于这些杂草上，卵期10余天。成虫开始产卵至第1代幼虫孵化盛期需20～30天，以后世代重叠。在早春寄主上一般发生1代，于5月上旬后陆续迁移到树体上为害。由于温度较低，5月一般不会造成大的危害。随着气温的升高，其繁殖也加快，在6月上、中旬进入全年的猖獗为害期，于7月上、中旬进入高峰期。据相关研究，二斑叶螨猖獗发生期持续的时间较长，一般年份可持续到8月中旬前后。10月后陆续出现滞育个体，但此时温度若超过25℃，滞育个体仍然可以恢复取食，体色由滞育型的红色再变回到黄绿色，进入11月后均滞育越冬。

4.预测预报

（1）越冬雌成螨出蛰为害期预测预报。在具有代表性、上年发生严重的果园，按对角线取样法选定5个调查点，每点附近选根颈部有萌蘖的树2株，每株只保留一根蘖，其余剪除。萌蘖、萌芽期开始进行调查，到开花时结束。每天调查1次，每次调查各萌蘖的所有的新叶和茎干上的二斑叶螨出蛰越冬雌成螨，并计数。连续3日发现有出蛰雌成螨时发出预报，进行防治。

（2）发生量预测预报。在具有代表性的果园选择对角线取样法，选定5个调查点，每点附近选定一株长势中庸的树作为调查树。5月上旬开始每隔2～4天调查1次。每次调查在每株调查树树冠的东西南北中5个方位各随机采枝条中部叶片2片，每树10片，统计苹果叶螨各个虫态和各种天敌的数量。6月以前平均每叶活动态螨数达到3～5头时应发出预测预报，并进行防治。6月以后平均每叶活动态螨数达到7～8头时应发出预

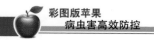
测预报，进行防治。但是，当益害比大于1∶50时可暂时不进行药剂防治。

5.防控技术

（1）农业防治。早春越冬螨出蛰前，刮除树干上的翘皮、老皮，清除果园里的枯枝落叶和杂草，集中深埋或烧毁，消灭越冬雌成螨；春季及时中耕除草，特别要清除阔叶杂草，及时挖除根蘖，消灭其上的二斑叶螨。

（2）生物防治。应注意保护、发挥天敌自然控制作用。

①以虫治螨：二斑叶螨天敌昆虫有30多种，如深点食螨瓢虫，幼虫期每头可捕食二斑叶螨200～800头，其他还有食螨瓢虫、暗小花蝽、草蛉、塔六点蓟马、小黑隐翅虫、盲蝽等天敌。

②以螨治螨：保护和利用与二斑叶螨几乎同时出蛰的拟长毛钝绥螨、东方钝绥螨、芬兰钝绥螨等捕食螨，以控制二斑叶螨为害。

③以菌治螨：藻菌能使二斑叶螨致死率达80%～85%；白僵菌能使二斑叶螨致死率达85.9%～100%。

（3）化学防治。在越冬雌成螨出蛰期，树上喷50%硫悬浮剂200倍液或1波美度石硫合剂，消灭在树上活动的越冬成螨。在夏季，6月以前平均每叶活动态螨数达3～5头，抓住害螨从树冠内膛向外围扩散的初期防治。6月以后平均每叶活动态螨数达7～8头时，需及时用药。注意选用选择性杀螨剂。常用药剂有20%三唑锡悬浮剂1 500倍液、5%唑螨酯乳油2 500倍液、20%吡螨胺水分散粒剂2 000倍液、43%联苯菊酯悬浮剂2 000倍液、1.8%阿维菌素乳油4 000倍液等。

三、苹果全爪螨

苹果全爪螨（*Panonychus ulmi* Koch），属蛛形纲真螨目叶螨科，又称苹果红蜘蛛，在我国北方果区均有发生，主要寄主有苹果、梨、桃、李、杏、山楂、沙果、海棠、樱桃及观赏植物樱花、玫瑰等。

1.田间诊断

以幼螨、若螨、成螨刺吸汁液为害，其中幼螨、若螨和雄成螨多在叶背面活动，而雌成螨多在叶正面活动。受害叶片变灰绿色，仔细观察正面有许多失绿小斑点，整体叶貌类似苹果银叶病为害，一般不易造成早期落叶（图3-18）。

图3-18　苹果全爪螨为害状

2.形态特征

成螨：雌成螨体长约0.45毫米，宽约0.29毫米，体圆形、深红色，背部显著隆起。背毛26根，较粗长，着生于粗大的黄白色毛瘤上。足4对，黄白色（图3-19）。雄成螨体长0.3毫米左右，体后端尖削似草莓状。初蜕皮时为浅橘红色，取食后呈深橘红色，刚毛数目与排列同雌成螨（图3-20）。

图3-19　苹果全爪螨雌成螨

图3-20　苹果全爪螨雄成螨

幼螨：足3对，越冬卵孵化出的第一代幼螨呈淡橘红色，取食

图3-21　苹果全爪螨幼螨

后呈暗红色；夏卵孵化出的幼
螨初为黄色，后变为橘红色或
山绿色（图3-21）。

若螨：足4对，前期体色较
幼螨深；后期体背毛较为明显，
体型似成螨，可分辨出雌雄。

卵：扁圆形，葱头状，顶
端有刚毛状柄，夏卵橘红色（图
3-22），越冬卵深红色（图3-23）。

图3-22　苹果全爪螨夏卵

图3-23　苹果全爪螨在果枝上的越冬卵

3.发生规律

广泛分布于北京、辽宁、内蒙古、宁夏、甘肃、河北、山
西、陕西、山东、河南、江苏等地。苹果全爪螨在北方果区1年
发生6～7代，以卵在短果枝、果苔和多年生枝条的分杈、叶痕、
芽轮及粗皮等处越冬。发生严重时，主枝、侧枝的背面、果实萼
洼处均可见到冬卵。越冬卵于苹果花蕾膨大时开始孵化，晚熟品
种盛花期为孵化盛期，终花期为孵化末期，5月上、中旬出现第1
次成虫，5月中旬末至下旬为盛期，并交尾产卵繁殖，卵期夏季
6～7天，春秋季9～10天。第2次成虫出现盛期在6月上旬左右，
第3次在6月下旬末和7月上旬初，第4次在7月中旬，第5次在8

月上旬末，第6次在8月下旬末，第7次在9月下旬初。越冬卵于8月中旬开始出现，9月底达到最高峰，以后便趋于稳定，夏卵也在10月上旬基本绝迹。高温干旱是其大量繁殖的有利条件，其适生温度为25～28℃，相对湿度为40%～70%。

4.预测预报

（1）越冬雌成螨出蛰为害期预测预报。选择具有代表性的果园，在其中选定生长势中庸、越冬卵较多的5株树作为调查树，在每株树的树冠外围4个方位及内膛各选定一枝，从每小枝上截取有50～100粒越冬卵的长约5厘米的枝段，并仔细统计越冬卵数，剪口用白漆封闭，5个枝段固定于一块10厘米×10厘米的白色小木板上，周围涂凡士林，宽约1厘米，将小木板固定在被调查树的树干上，并及时检查凡士林的黏着力是否下降。从苹果萌动初期开始每天进行调查，记下黏在凡士林上的初孵幼虫数，然后用小针剔除，当累计卵孵化率达到50%时发出预报，要求及时防治。

（2）发生量预测预报。参照二斑叶螨。

5.防控技术

（1）农业防治。萌芽前刮除翘皮、粗皮，并集中烧毁，消灭大量越冬虫源。

（2）生物防治。我国苹果园控制害螨的天敌资源非常丰富，主要种类有：深点食螨瓢虫、束管食螨瓢虫、陕西食螨瓢虫、小黑花蝽、塔六点蓟马、中华草蛉、晋草蛉、东方钝绥螨、普通盲走螨、拟长毛钝绥螨、丽草蛉、西北盲走螨等。此外，还有小黑瓢虫、深点颏瓢虫、食卵萤螨、异色瓢虫和植缨螨等，在不常喷药的果园天敌数量多，常将叶螨控制在经济危害水平以下。果园内应通过减少喷药次数，保护自然天敌。有条件时，可以释放人工饲养的捕食螨。

（3）化学防治。依据田间调查，在出蛰期每芽平均有越冬雌成螨2头时，喷施1次3～5波美度石硫合剂、45%石硫合剂晶体50～60倍液或99%喷淋油乳剂200倍液；生长期6月以前平均每叶活动态螨数达3～5头，6月以后平均每叶活动态螨数达7～8头时，喷施24％螺螨酯悬浮剂4 000倍液、15％哒螨灵乳油2 500倍液、20％三唑锡悬浮剂2 000倍液、1.8％阿维菌素乳油4 000倍液、43％联苯肼酯悬浮剂3 000 ～ 5 000倍液等。

四、山楂叶螨

山楂叶螨（*Tetranychus viennensis* Zacher）属蛛形纲真螨目叶螨科，又称山楂红蜘蛛。在我国分布很广，以北方苹果及梨产区发生较重，主要为害苹果、梨、桃、樱桃、山楂、李等果树。

1.田间诊断

山楂叶螨主要在叶背面刺吸汁液为害（图3-24），受害叶片正面出现失绿的小斑点，螨量多时失绿黄点连片，呈黄褐色至苍白色；严重时，叶片背面甚至正面布满丝网（图3-25），叶片呈红褐色，似火烧状，易引起大量落叶，造成二次开花。不但影响当年产量，还会对以后两年的树势及产量造成不良影响。

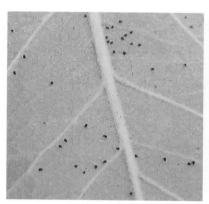

图3-24　山楂叶螨叶背为害状

图3-25　山楂叶螨为害状

2.形态特征

成螨：雌成螨椭圆形，体长0.54 ～ 0.59毫米，冬型鲜红色，夏型暗红色，体背前端隆起，背毛26根，横排成6行，细长，基部无毛瘤（图3-26）。雄成螨体长0.35～0.45毫米，体末端尖削，第一对足较长，体背两侧各具一黑绿色斑（图3-27）。

　　幼螨：足3对，黄白色，取食后为淡绿色，体圆形（图3-28）。

　　若螨：足4对，淡绿色，体背出现刚毛，两侧有山绿色斑纹，老熟若螨体色发红。

　　卵：圆球形，春季卵橙红色，夏季卵黄白色（图3-29）。

图3-26　山楂叶螨雌成螨

图3-27　山楂叶螨雄成螨

图3-28　山楂叶螨幼螨

图3-29　山楂叶螨卵

3.发生规律

广泛分布于我国东北、华北、西北、华东等地。北方地区1年发生6～10代，以受精雌成螨在主干、主枝和侧枝的翘皮、裂缝、根颈周围土缝、落叶及杂草根部越冬，第二年苹果花芽膨大时开始出蛰为害，花序分离期为出蛰盛期，苹果盛花前后是产卵高峰期，卵经8～10天孵化，同时有成螨出现，第二代以后世代重叠，5月上旬以前虫口密度较低，6月成倍增长，7月达全年发生高峰，从8月上旬开始，由于雨水较多，加之天敌的控制作用，山楂叶螨繁殖受到抑制，9～10月开始出现受精雌成螨越冬。高温干旱条件下发生及危害较为严重。

4.预测预报

（1）越冬雌成螨出蛰上芽为害期预测预报。在果园中按对角线5点取样法选定5个点每点附近选定一株长势中庸的作为调查树。从苹果萌芽开始，每隔2日调查1次，每次每树在树冠东、西、南、北4个方位及内膛的外围偏内部位，各随机调查4个短枝芽顶，每株调查树调查20个芽，共计100个，统计芽上的越冬雌成螨数，至开花时调查工作结束。每芽平均有越冬雌成螨2头时，即应进行防治。

（2）发生量预测预报。参照二斑叶螨。

5.防控技术

（1）农业防治。成虫越冬前树干束草把诱杀越冬雌成螨。萌芽前刮除翘皮、粗皮，并集中烧毁，消灭大量越冬虫源。

（2）生物防治。参照苹果全爪螨。

（3）化学防治。参照苹果全爪螨。

五、苹小卷叶蛾

苹小卷叶蛾（*Adoxophyes orana* Fisher von Roslerstamm）属鳞翅目小卷叶蛾科，又称苹果小卷叶蛾、黄小卷叶蛾、溜皮虫，在辽宁、河北、山东、河南、陕西、山西等果区普遍发生，主要为害苹果、梨、桃、山楂等果树。

1.田间诊断

以幼虫啃食为害。幼虫不仅吐丝缀叶潜居其中啃食叶片（图3-30），更为重要的是把叶片缀贴在果实上啃食果皮、果肉，把果面啃出许多伤疤，造成残次果（图3-31），故俗称为"舔皮虫"。近年该虫为害有上升趋势。

图3-30　苹果小卷叶蛾为害叶片　　　图3-31　苹果小卷叶蛾为害果实

2.形态特征

成虫：体长6～8毫米，翅展13～23毫米，体黄褐色，前翅长方形，有2条深褐色斜纹形，外侧比内侧的一条细；雄成虫体较小，体色稍淡，前翅有前缘褶（前翅肩区向上折叠）（图3-32）。

幼虫：老龄幼虫体长13～15毫米，头黄褐色或黑褐色，前胸背板淡黄色，体翠绿色或黄绿色，头明显窄于前胸，整个虫体两头稍尖；幼虫性情活泼，遇振动常吐丝下垂。第一对胸足黑褐色，腹末有臀栉6～8根，雄虫在胴部第七、第八背面具1对黄色肾形性腺（图3-33）。

蛹：体长9～11毫米，黄褐色，腹部2～7节背面各有2排小刺（图3-34）。

卵：扁平椭圆形，数十粒至上百粒排成鱼鳞状（图3-35）。

图3-32　苹小卷叶蛾成虫

图3-33　苹小卷叶蛾幼虫

图3-34　苹小卷叶蛾蛹

图3-35　苹果小卷叶蛾卵

3.发生规律

在我国北方大多数地区，每年发生3代。黄河故道、关中及豫西地区，每年发生4代。苹果小卷叶蛾以幼虫结成白色薄茧潜伏在老树皮缝、老翘皮、剪锯口四周死皮内等处越冬。第二年花器分离时，越冬幼虫开始出蛰，盛花期是幼虫出蛰盛期，前后持续1个月，出蛰幼虫首先爬到新梢为害幼芽、幼叶、花蕾和嫩梢，展枝后吐丝缀叶成"虫苞"，这时幼虫在"虫苞"里贪食不动称"紧包期"。幼虫非常活泼，稍受惊动，随风飘动（吐丝）转移为害。幼虫老熟后从被害叶片内爬出寻找新叶，卷起叶片在叶内化蛹，蛹期6~9天，蛾期3~5天，蛹羽化为成虫后1~2天便可产卵。单雌蛾可产卵百余粒，卵期6～8天，幼虫期15～20天。辽南地区各代成虫发生时期为：越冬代成虫初现于5月中下旬，盛期为6月上旬，第一代成虫在8月上旬最盛；第二代成虫在9月上旬最盛，第三代成虫出现很少，一般以幼虫形态于10月间开始越冬。雨水较多的年份发生严重，干旱年份发生轻。

4.预测预报

（1）越冬幼虫出蛰期预测预报。在具有代表性且上年受害严重的果园内，按对角线取样法确定5个观测点，每点附近选定2株主栽品种树，且品种一致。每棵树在有越冬虫茧的剪锯口或翘皮裂缝处标记虫茧20个。从苹果树芽萌动开始，每隔1日调查1次所有标记虫茧，以空茧表示出蛰幼虫数。并按照公式：越冬幼虫出蛰率（％）=出蛰幼虫数/调查总虫茧数，计算当日幼虫的出蛰率和累计出蛰率。当累计出蛰率达30％、且累计虫芽率达到5％时，发出预测预报，应立即进行防治。

（2）成虫发生期预测预报。方法同上，选定10株调查树，从田间发现幼虫化蛹开始挂性激素诱捕盆于树冠的外围，距地面1.5米。每天早晨检查落入诱捕盆的成虫数，计数后捞出。并根据每日诱蛾合计数绘制消长柱形图，从而判断成虫发生的高峰，向后推7～10天为卵孵化盛期，并在7～10天后进行防治。

5.防控技术

（1）农业防治。早春刮除树干和剪锯口处的翘皮，消灭越冬的幼虫。在果树生长期，捏死卷叶中的幼虫，减轻其为害。

（2）生物防治。在越冬代成虫产卵盛期，释放松毛虫赤眼蜂进行防治，方法是：根据苹果小卷叶蛾性外激素诱捕器诱蛾数，在成虫出现高峰后第三天开始放蜂，以后每隔5天放蜂1次，共放蜂4次。每次每棵树放蜂量分别为：第一次500头，第二次1 000头，第三、四次均为500头。另外也可喷施苏云金杆菌、杀螟杆菌、白僵菌等微生物农药防治幼虫。其他天敌昆虫包括：拟澳洲赤眼蜂、卷叶蛾苹腹茧蜂、卷蛾绒茧蜂、多种捕食性蜘蛛等。

（3）化学防治。越冬幼虫出蛰期和各代幼虫孵化期是树上喷药适期。在结果树上，越冬幼虫出蛰期的防治指标是每百叶丛有虫2~2.5头时开始喷药。常用药剂有：35％氯虫苯甲酰胺水分散粒剂15 000倍液、20％虫酰肼悬浮剂1 000倍液、24％甲氧虫酰肼悬浮剂5 000倍液等。

六、顶梢卷叶蛾

顶梢卷叶蛾（*Spilonota lechriaspis* Meyrick）属鳞翅目小卷叶蛾科，又称顶芽卷叶蛾，芽白小卷蛾，在我国许多果区均有发生，主要为害苹果、海棠、梨、桃等。

1.田间诊断

图3-36　顶梢卷叶蛾为害状

幼虫为害嫩梢，仅为害枝梢的顶芽。幼虫吐丝将顶梢数片嫩叶缠缀成"虫苞"，并啃下叶背绒毛作成筒巢，潜藏入内，仅在取食时身体露出巢外。为害后期顶梢卷叶团干枯，不脱落，易于识别。幼树受害较重，发生严重果园幼树被害梢常达80％以上，严重影响幼树的生长发育和苗木出圃规格（图3-36）。

2.形态特征

成虫：体长6~8毫米，全体银灰褐色。前翅前缘有数组褐色短纹，基部1/3处和中部各有一暗褐色弓形横带，后缘近臀角处有1个近似三角形褐色斑，此斑在两翅合拢时并成1个菱形斑纹；近外缘处从前缘至臀角间有8条黑色平行短纹（图3-37）。

幼虫：老熟幼虫体长8~10毫米，体污白色，头部、前胸背

板和胸足均为黑色，无臀栉
（图3-38）。

蛹：体长5～8毫米，黄褐
色，尾端有8根细长的钩状毛。

茧：黄色白绒毛状，椭圆
形（图3-39）。

卵：扁椭圆形，乳白色至
淡黄色，半透明，长径0.7毫
米，短径0.5毫米，卵粒散产。

图3-37　顶梢卷叶蛾成虫

图3-38　顶梢卷叶蛾幼虫

图3-39　顶梢卷叶蛾蛹

3. 发生规律

辽宁、山东、山西1年发生2代，北京、江苏、安徽、河南1
年发生3代。以二至三龄幼虫在枝梢顶端卷叶团中越冬。早春苹果
花芽展开时，越冬幼虫开始出蛰，早出蛰的主要为害顶芽，晚出
蛰的向下为害侧芽。幼虫老熟后在卷叶团作茧化蛹。在1年发生3
代的地区，各代成虫发生期：越冬代在5月中旬至6月末；第一代
在6月下旬至7月下旬；第二代在7月下旬至8月末。每头雌蛾产
卵6～196粒，多产在当年生枝条中部的叶面多绒毛处。第一代幼

虫主要为害春梢，第二、三代幼虫主要为害秋梢，10月上旬以后幼虫越冬。

4.防控技术

各项防控技术参照苹果小卷叶蛾。

七、金纹细蛾

金纹细蛾（*Lithocolletis ringoniella* Mats）属鳞翅目细蛾科，又称苹果细蛾、苹果潜叶蛾，在我国北方果区均有发生，主要为害苹果、沙果、海棠、山荆子等果树。发生轻时影响叶片的光合作用，严重时造成叶片早期脱落，影响树势与产量。

1.田间诊断

图3-40　金纹细蛾为害状

金纹细蛾主要以幼虫在叶片内潜食叶肉，形成椭圆形虫斑，下表皮皱缩，叶面呈筛网状拱起，虫斑内有黑褐色虫粪。一张叶片上常有多个虫斑（图3-40）。

2.形态特征

成虫：体长约2.5毫米，体金黄色；前翅狭长，黄褐色，翅端前缘及后缘各有3条白色和褐色相间的放射状条纹；后翅尖细，有长缘毛（图3-41）。

幼虫：老熟幼虫体长约6毫米，呈纺锤形，稍扁，幼龄时淡黄色，老熟后变为黄色（图3-42）。

蛹：长约4毫米，梭形，黄褐色（图3-43）。

图3-41　金纹细蛾成虫

卵：扁椭圆形，乳白色，半透明，有光泽。

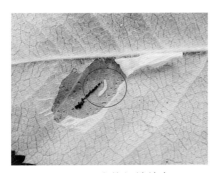

图3-42　金纹细蛾幼虫

图3-43　金纹细蛾蛹

3.发生规律

大部分落叶果树产区1年发生4～5代，河南省中部地区和山东临沂地区发生6代。以蛹在被害叶中越冬，翌年苹果树发芽前开始羽化。越冬代成虫于4月上旬出现，发生盛期在4月下旬。以后各代成虫的发生盛期分别为：第一代在6月中旬，第二代在7月中旬，第三代在8月中旬，第四代在9月下旬，第五代幼虫于10月底开始在叶内化蛹越冬。春季发生较少，秋季发生较多，为害严重，发生期不整齐，后期世代重叠。

4.预测预报

在具有代表性且上年受害严重的果园内，采用对角线法确定5个观测点，每点附近选定2棵树，在树冠外围悬挂一个含有金纹细蛾诱芯的诱捕器，诱捕器距离地面1.5米。从当地苹果萌动开始挂诱捕器，并在每天早晨检查落入诱捕器的成虫数，计数后捞出，并将每日诱蛾合计数绘成消长柱形图，掌握发蛾的始见期、上升期、高峰期及蛾量，从而判断成虫的发生期。在当年第一代成虫高峰期发出预测预报，进行防治。

5.防控技术

金纹细蛾防治的关键时期是各代成虫发生的盛期。其中5月下旬至6月上旬是第一代成虫的发生盛期，防治效果优于后期防治。

（1）农业防治。果树落叶后，结合秋施基肥，清扫枯枝落叶，深埋消灭落叶中越冬蛹。

（2）生物防治。金纹细蛾的寄生蜂较多，有30余种，其中以金纹细蛾跳小蜂、金纹细蛾姬小蜂、金纹细蛾绒茧蜂、羽角姬小蜂最多。上述前3种数量较大，各代总寄生率20%～50%，其中以跳小蜂寄生率最高，越冬代约25%，在多年不喷药果园，其寄生率可达90%以上。

（3）化学防治。依据成虫田间发生量测报结果，在成虫连续3日曲线呈直线上升状态时，预示即将到达成虫发生高峰期，同时结合田间为害状调查，适时开展化学防治。可选用药剂有：35%氯虫苯甲酰胺水分散粒剂20 000倍液、1.8%阿维菌素乳油3 000倍液、25%灭幼脲悬浮剂2 000倍液等。

八、苹果绵蚜

苹果绵蚜（*Eriosoma Lanigerum* Hausmann）属半翅目绵蚜科，又叫血色蚜虫、赤蚜、绵蚜等，原产于美洲东部，随苗木传播至世界各地，目前我国绝大多数苹果产区均有分布。在我国除为害苹果外，还可为害海棠、山荆子、花红、沙果等植物。

1.田间诊断

图3-44　苹果绵蚜为害状1

图3-45　苹果绵蚜为害状2

　　主要以成虫和若虫群集于剪锯口、病虫伤疤周围、枝干裂皮缝内、枝条叶柄基部和根部为害，严重时还可以为害果实。被害部位多数形成肿瘤，肿瘤易破裂，受伤处表面常覆盖一层白色棉絮状棉毛状物，剥开后内为红褐色虫体，易于识别（图3-44和图3-45）。

　　2.形态特征

　　成虫：无翅胎生雌蚜：卵圆形，体长约2毫米，身体赤褐色；头部无额瘤，复眼暗红色；腹背有4条纵列的泌蜡孔，分泌的白色蜡质棉状物聚集在受害处似絮状；腹管退化成环状，仅留痕迹，呈半圆形裂口（图3-46）。有翅胎生雌蚜：体长较无翅胎生雌蚜稍短，头、胸部黑色，翅透明，翅脉和翅痣黑色，前翅中脉1个分支；腹部暗褐色，覆盖的白色棉状物较

图3-46　无翅胎生雌蚜

无翅雌虫少；腹管退化为黑色环状孔。有性雌蚜：体长0.6～1毫米，淡黄褐色；触角5节，口器退化；头部、触角及足为淡黄绿色，腹部赤褐色。有性雄蚜：体长0.7毫米左右，体黄色；触角5节，末端透明，口器退化；腹部各节中央隆起，有明显沟痕。

　　若虫：幼龄若虫略呈圆筒状，棉毛很少，触角5节，喙长超过腹部。四龄若虫体型似成虫。

　　卵：椭圆形，长径约0.5毫米，中间稍细，初产橙黄色渐变褐色。

　　3.发生规律

　　苹果绵蚜在山西1年发生20代，山东青岛地区1年发生17～18代，辽宁大连地区13代以上。以一至二龄若蚜在树干伤疤、剪锯口、环剥口、老皮裂缝、新梢叶腋、果实梗洼、地下浅根部越冬，寄主植物萌动后，旬均气温达8℃以上时越冬若虫开始活动，

4月底至5月初越冬若虫变为无翅孤雌成虫，以胎生方式产生若虫，每雌可产若虫50～180余头，新生若虫即向当年生枝条进行扩散迁移，爬至嫩梢基部、叶腋或嫩芽处吸食汁液。5月底至6月为扩散迁移盛期，同时不断繁殖危害，当旬均气温为22～25℃时，为繁殖最盛期，约8天完成1个世代，当温度高达26℃以上时，虫量显著下降。同时日光蜂对绵蚜的繁殖也起了有效的抑制作用。到8月下旬气温下降后，虫量又开始上升，9月间一龄若虫又向枝梢扩散危害，形成全年第二次为害高峰，到10月下旬以后，若虫爬至越冬部位开始越冬。苹果绵蚜的有翅蚜在我国1年出现两次高峰，第一次为5月下旬至6月下旬，但数量较少，第二次在9月至10月，数量较多，产生的后代为有性蚜，有性蚜喜隐蔽在较阴暗的场所，寿命也较短。

4.防控技术

（1）植物检疫。应加强植物检疫，防治苹果绵蚜的扩散蔓延。在绵蚜发生区不育苗，不采接穗。严禁从疫区向非疫区调运苗木、接穗及其他繁殖材料。调运果品时也应严格检验，杜绝通过果品运输渠道扩散和蔓延。

（2）农业防治。苹果绵蚜主要发生在老果园以及管理粗放的苹果园，应加强果园的管理质量，科学修剪，中耕锄草，及时刮除粗翘皮，刮除树缝、树洞、伤口处的绵蚜，剪掉受害枝条上的绵蚜群落。操作时在树下平铺一块塑料布，将刮、铲下的绵蚜及残渣、枝条集中烧毁，以防再度为害果树。还可以铲除无用根蘖、刷树枝、堵树洞和喷雾灌根，都能有效地防治苹果绵蚜。另外，还应加强肥水管理，提高树势，增强树体的抵抗力。

（3）生物防治。主要是保护和利用天敌：苹果绵蚜的天敌主要有日光蜂、草蛉、瓢虫等。其中日光蜂的寄生率很高，对绵蚜有显著的控制作用。在自然条件下，山东青岛7～8月日光蜂的产卵数量远远超过绵蚜产仔量，因此，寄生率可达80%左右，对绵蚜起到很大的抑制作用，但是在春秋两季寄生率低，对绵蚜的控制作用较弱。有条件的果园可以人工繁殖释放或引放天敌。

（4）化学防治。苹果绵蚜多以若蚜在主干或根颈处群集越冬，可于萌芽前刮除老树皮或若蚜刚开始为害时喷药防治。在辽西地区，喷药时间一般在5月中旬至6月中旬、8月中旬至9月中旬绵蚜发生高峰期前进行。可用的药剂包括40%毒死蜱水乳剂1 500倍液、48%毒死蜱乳油2 500倍液。

九、绣线菊蚜

绣线菊蚜（*Aphis citricola* Van der Goot）属半翅目蚜科，又称苹果黄蚜，俗称腻虫、蜜虫，在我国普遍发生。其寄主有苹果、沙果、桃、李、杏、海棠、梨、木瓜、山楂、山荆子、枇杷、石榴、柑橘、绣线菊和榆叶梅等多种植物。

1.田间诊断

以若虫和成虫刺吸新梢和叶片汁液进行为害。若虫、成虫常群集在新梢上和叶片背面为害，受害叶片向背面横卷，严重时新梢上叶片全部卷缩，严重影响新梢生长和树冠扩大。虫口密度大时，许多蚜虫还可爬至幼果上为害果实（图3-47）。

2.形态特征

成虫： 无翅孤雌胎生蚜体长1.6～1.7毫米，宽约0.95毫米。体黄色或黄绿色，头部、复眼、口器、腹管和尾片均为黑色，触角显著比体短，腹管圆柱形，末端渐细，尾片圆锥

图3-47　绣线菊蚜为害状

形，生有10根左右弯曲的毛。有翅胎生雌蚜体长约1.6毫米，翅展约4.5毫米，体色黄绿色，头、胸、口器、腹管和尾片均为黑色，

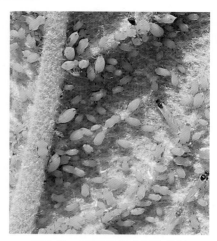

图3-48　绣线菊蚜成蚜及若蚜

触角丝状6节，较体短，体两侧有黑斑，并具明显的乳头状突起。

若虫：体鲜黄色，无翅若蚜腹部较肥大、腹管短，有翅若蚜胸部发达，具翅芽，腹部正常（图3-48）。

卵：椭圆形，长径约0.5毫米，漆黑色，有光泽。

3.发生规律

绣线菊蚜1年发生10余代，以卵于枝条的芽旁、枝杈或树皮缝等处越冬，以2～3年生枝条的分杈和鳞痕处的皱缝卵量多。次年春天寄主萌芽时开始孵化为干母，并群集于新芽、嫩梢、新叶的叶背开始为害，10余天后即可胎生无翅蚜虫，称之为干雌，行孤雌胎生繁殖。干雌以后则产生有翅和无翅的后代，有翅型则转移扩散。前期繁殖较慢，产生的多为无翅孤雌胎生蚜，5月下旬可见到有翅孤雌胎蚜。6～7月繁殖速度明显加快，虫口密度明显提高，枝梢、叶背、嫩芽处常群集蚜虫，多汁的嫩梢是蚜虫繁殖发育的有利条件。8～9月雨量较大时，虫口密度会明显下降，至10月开始，全年中的最后一代为雌、雄有性蚜，行两性生殖、产卵越冬。

4.防控技术

（1）农业防治。冬季结合刮老树皮，进行人工刮卵，消灭越冬卵。在春季蚜虫发生量少时，及时剪掉被害新梢并集中销毁，可有效控制蔓延。此法适用于幼树园。

（2）生物防治。绣线菊蚜的天敌很多，主要有瓢虫、草蛉、食蚜蝇和寄生蜂等，这些天敌对绣线菊蚜有很强的控制作用，应当注意保护和利用。在北方小麦产区，麦收后有大量天敌迁往果园，这时在果树上应尽量避免使用广谱性杀虫剂，以减少对天敌的伤害。

（3）化学防治。果树花芽萌动期喷洒99%的机油乳剂，杀越冬卵有较好效果。果树生长期喷布：22%氟啶虫胺腈悬浮剂15 000倍液、3%啶虫脒乳油1 500倍液、50%抗蚜威可湿性粉剂800～1 000倍液、10%吡虫啉可湿粉剂5 000倍液等。

十、苹果瘤蚜

苹果瘤蚜（*Myzus malisutus* Matsumura）属半翅目蚜科，又名卷叶蚜虫，在我国大部分地区及日本、朝鲜均有分布。除为害苹果外，还可为害海棠、沙果、梨等。

1.田间诊断

成虫、若虫群集叶片及嫩芽上吸食汁液，被害叶片由两侧向背面纵卷成双筒状，叶片皱缩，瘤蚜在卷叶内为害，叶外面看不到瘤蚜。被害严重的新梢叶片全部卷缩，渐渐枯死。苹果瘤蚜发生期较早，通常仅为害局部新梢，只有严重时才有可能全树枝梢被害（图3-49）。

图3-49　苹果瘤蚜为害状

2.形态特征

成虫： 无翅胎生雌蚜体长约1.5毫米，暗绿色，头部额瘤明显；有翅胎生雌蚜的头、胸部均为黑色，腹部暗绿色，头部额瘤明显。

若虫： 体小、淡绿色、体型与无翅胎生雌蚜相似。

卵： 椭圆形，长约0.6毫米，漆黑色。

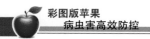
3.发生规律

1年发生10多代，以卵在一年生枝条芽缝、剪锯口等处越冬。次年果树萌芽时，越冬卵孵化，初孵幼虫群集在芽或叶上为害，经10天左右即产生无翅胎生雌蚜，其中也有少数有翅胎生雌蚜。自春季至秋季均孤雌生殖，5～6月为害最重，盛期在6月中、下旬。10～11月出现有性蚜，交尾后产卵，以卵越冬。

4.防控技术

（1）农业防治。结合春季修剪，剪除被害枝梢。局部发生时，可通过剪除受害部位或摘除枝梢卷叶来减轻其为害。

（2）生物防治。该虫天敌主要有瓢虫、草蛉和食蚜蝇等，其中瓢虫是其主要捕食类群，尤其是在我国中南部地区，麦收后麦田的瓢虫大多转移到果园，成为抑制蚜虫发生的主要因素，此时应减少果园喷药，以保护这些天敌。

（3）化学防治。该虫为害叶片时形成的卷筒很紧，蚜虫隐蔽其中，防治比较困难，因此，应在卷叶以前用药，才能收到理想的防治效果，重点抓好蚜虫越冬卵孵化期的防治。常用药剂有：22％氟啶虫胺腈悬浮剂15 000倍液、3％啶虫脒乳油1 500倍液、50％抗蚜威可湿性粉剂800～1 000倍液、10％吡虫啉可湿性粉剂5 000倍液等。

十一、康氏粉蚧

康氏粉蚧［*Pseudococcus comstocki*（Kuwana）］属半翅目粉蚧科，又称桑粉蚧、梨粉蚧、李粉蚧，在我国许多省份均有发生，可为害苹果、梨、桃、李、杏、山楂、葡萄、金橘、刺槐、樟树、佛手瓜和君子兰等多种植物。

1.田间诊断

以雌成虫和若虫刺吸汁液为害，芽、叶、果实、枝干及根部均可受害（图3-50和图3-51），但以果实受害损失较重。多在果实萼洼、梗洼处刺吸为害，既影响果实着色，又分泌蜡粉污染果面，并常诱使"煤烟病发生"，对果品质量影响很大，特别是套袋果实，严重果园虫果率可达40%～50%，损失惨重。枝干及根部受害时树体一般无异常表现，但严重时导致树势衰弱。

图3-50　为害嫩梢

图3-51　为害枝干

2.形态特征

成虫：雌成虫椭圆形，较扁平，体长3～5毫米，体粉红色，表面被白色蜡粉，体缘具17对白色蜡丝，体前端的蜡丝较短，后端最末1对蜡丝较长，几乎与体长相等，蜡丝基部粗，尖端略细；胸足发达，后足基节上有较多的透明小孔；臀瓣发达，其顶端生有1根臀瓣刺和几根长毛。雄成虫体褐色，体长约1毫米，翅展约2毫米，翅1对，透明，后翅退化成平衡棒，具尾毛。

若虫：初孵若虫体扁平，椭圆形淡黄色，外形似雌成虫（图3-52）。

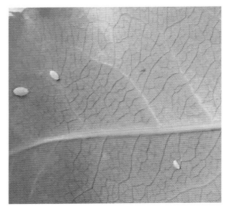

图3-52　成　虫

蛹：仅雄虫有蛹期，蛹浅紫色，触角、翅、足均外露。

卵：椭圆形，长约0.3毫米，浅橙黄色，数十粒集中成块，外覆薄层白色蜡粉，形成白絮状卵囊。

3.发生规律

1年发生3代，以卵在各种缝隙及土石缝处越冬，少数以若虫和受精雌成虫越冬。寄主萌动发芽时开始活动，卵开始孵化分散为害，第1代若虫盛发期为5月中下旬，6月上旬至7月上旬陆续羽化，交配产卵。第2代若虫6月下旬至7月下旬孵化，盛期为7月中下旬，8月上旬至9月上旬羽化，交配产卵，第3代若虫8月中旬开始孵化，8月下旬至9月上旬进入盛期，9月下旬开始羽化，交配产卵越冬；早产的卵可孵化，以若虫越冬；羽化迟者交配后不产卵即越冬。雌若虫期35～50天，雄若虫期25～40天。雌成虫交配后再经短时间取食，寻找适宜场所分泌卵囊产卵其中。单雌卵量：第一、二代200～450粒，第三代70～150粒，越冬卵多产缝隙中。此虫可随时活动转移为害。每年发生1代，以卵在树根附近土缝里、树皮缝、枯枝落叶层及石块下成堆越冬。次年2月下旬开始出现若虫，3月上中旬上树较多。若虫大量集中在1～2年生枝条上吸食汁液，以4月为害最重。受害严重的枝条推迟发芽甚至枯死。

4.防控技术

（1）农业防治。结合冬季修剪，清除虫卵，疏除受害严重的有虫枝条，减少越冬虫源，并彻底烧毁枯枝杂物，降低越冬基数，以减轻来年虫源。

（2）生物防治。注意保护和利用天敌，康氏粉蚧的天敌有瓢虫和草蛉等，利用天敌防治介壳虫是比较彻底又省事的办法。

（3）化学防治。在一龄若虫活动时施药，要掌握在若虫分散转移期分泌蜡粉前施药防治最佳。可选用的药剂：24%螺虫乙酯悬浮剂4 000～5 000倍液、40%杀扑磷乳油1 000～2 000倍液、25%噻嗪酮可湿性粉剂1 000倍液等。

十二、绿盲蝽

绿盲蝽［*Apolygus lucorum*（Meyer-Dur）］属半翅目盲蝽科，在我国除海南、西藏外各省份均有发生，以长江流域和黄河流域为害严重。绿盲蝽的寄主植物种类繁多，不仅为害苹果、梨、枣、葡萄、樱桃、桃、核桃和板栗等多种果树，还取食棉花、绿豆、蚕豆、向日葵、玉米、蓖麻、苜蓿、苕子、胡萝卜、茼蒿和甜叶菊等多种作物。

1.田间诊断

在苹果上主要以成虫和若虫刺吸幼嫩组织，如新梢、嫩叶、幼果等（图3-53）。嫩叶受害，形成褐色坏死斑点，随叶片生长，逐渐形成不规则的黑色斑和孔洞，严重时叶片扭曲、皱缩、畸形。幼果受害，果皮下出现坏死的斑点，随果实膨大，刺吸点处逐渐凹陷，形成直径0.5～2.0毫米的木栓化凹陷斑。果树上受害点多时表现畸形，品质显著降低。

图3-53　绿盲蝽若虫为害嫩叶

2.形态特征

成虫：体长5.0～5.5毫米，宽约2.5毫米，长卵圆形，全体绿色，头宽短，复眼黑褐色、突出。前胸背板深绿色，密布刻点。小盾片三角形，微突，黄绿色，具浅横皱。前翅革片为绿色，革片端部与楔片相接处呈灰褐色，楔片绿色，膜区暗褐色（图3-54）。

若虫：共5龄，体型与成虫相似，全体鲜绿色，三龄开始出现明显的翅芽（图3-55）。

卵：黄绿色，长口袋形，长约1毫米，卵盖黄白色，中央凹陷，两端稍微突起。

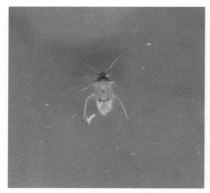

图3-54　绿盲蝽成虫

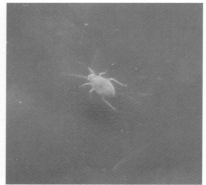

图3-55　绿盲蝽若虫

3.发生规律

1年发生5代，以卵在杂草、树皮裂缝及浅层土壤中越冬。树体发芽时开始孵化，而后上树为害。绿盲蝽白天潜伏，清晨和夜晚上树取食为害。第一代为害盛期在5月上中旬，第二代为害盛期在6月中旬左右，第三、四、五代发生时期分别在7月中旬左右、8月中旬左右、9月中旬左右。苹果树上以第一、二代为害较重，第三至五代为害较轻。

4.防控技术

（1）农业防治。搞好果园卫生，以消灭越冬虫源为基础，破坏害虫越冬场所。

（2）化学防治。果树发芽前，喷施1次3～5波美度石硫合剂或45%石硫合剂晶体40～60倍液，杀灭越冬虫卵。苹果开花前后是生长期喷药防治的关键期，各需喷药1次；个别受害严重果园，落花后半个月左右再连续喷药1～2次。常用有效药剂有：48%毒死蜱乳油1 200～1 500倍液、4.5%高效氯氰菊酯乳油1 500～2 000倍液、70%吡虫啉水分散粒剂10 000～12 000倍液等。

十三、苹毛丽金龟

苹毛丽金龟（*Proagopertha lucidula* Faldermann）属鞘翅目丽金龟科，又称苹毛金龟子、长毛金龟子，在我国许多省份均有发生。该虫食性很杂，果树上可为害苹果、梨、桃、杏、葡萄、樱桃、核桃、板栗和海棠等，特别是山地果园受害较重。

1.田间诊断

主要以成虫在果树花期取食花蕾、花朵及嫩叶（图3-56），虫量较大时可将幼嫩部分吃光，严重影响产量及树势。幼虫以植物的细根和腐殖质为食，危害不明显。

图3-56　苹毛丽金龟为害苹果花

2.形态特征

成虫： 卵圆形，体长9～10毫米，宽5～6毫米，虫体除鞘翅和小盾片光滑无毛外，皆密被黄白色细绒毛，雄虫绒毛长而密；头、胸背面紫铜色，鞘翅茶褐色，有光泽，半透明，透过鞘翅透视，后翅折叠成虫体形，腹部末端露在鞘翅外。

幼虫： 老熟幼虫体长15～20毫米，体乳白色，头部黄褐色，

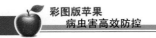

前顶有刚毛7~8根，后顶有刚毛10~11根；唇基片呈梯形，中部有一横线；肛腹板后部刺毛群中间两列刺毛排列整齐。

蛹：长约10毫米，裸蛹，淡褐色，羽化前变为深红褐色。

卵：乳白色，椭圆形，长约1毫米，表面光滑。

3.发生规律

1年发生1代。以成虫在30毫米左右的土层内越冬。翌年4月下旬出土为害。成虫为害约一周后交尾入土产卵，卵期10天左右，一至二龄幼虫在10~15厘米的土层内生活，三龄后开始下移至20~30厘米的土层中化蛹，8月中下旬为化蛹盛期。9月上旬开始羽化为成虫，即在深土层中越冬。成虫有假死习性而无趋光性。

4.防控技术

（1）农业防治。利用其假死习性，在成虫发生期，于清晨或傍晚将虫震下，树下用塑料布接虫，集中消灭。

（2）物理防治。成虫发生期，利用其趋化性进行糖醋诱杀。糖醋液的配方为糖∶醋∶水∶酒=1∶1∶2∶16，并定期更换。

（3）化学防治。在5月上中旬苹果开花前喷施1次20%甲氰菊酯乳油1 500倍液、40%敌敌畏乳油1 000~1 500倍液、40%辛硫磷乳油800倍液等。如果虫量较大，在落花后再喷1次。

十四、大青叶蝉

大青叶蝉〔*Tettigella viridis*（Linnaeus）〕属半翅目叶蝉科，又称大绿浮沉子、青叶跳蝉，全国各地都有发生，寄主范围较广，可为害苹果、梨、桃、李、杏、核桃等多种果树及许多种其他植物。

1.田间诊断

成虫、若虫均可刺吸枝梢、叶片等较幼嫩组织的汁液，在果树上主要以成虫产卵为害，尤其对幼树的为害更重。晚秋季节雌成虫用其锯状产卵器刺破枝条表皮且呈月牙状翘起，将6～12粒卵产在其中，卵粒排列整齐，呈肾形凸起。虫量大时导致枝条遍体鳞伤，抗低温及保水能力降低，常导致春季抽条，严重时致使枝条枯死、植株死亡（图3-57和图3-58）。

图3-57　大青叶蝉为害状（1）

图3-58　大青叶蝉为害状（2）

2.形态特征

成虫：体长7～10毫米，体黄绿色；头黄褐色，复眼黑褐色，头部背面有2个黑点，触角刚毛状；前胸背板前缘黄绿色，其余部分深绿色；前翅绿色，革质，尖端透明；后翅黑色，折叠于前翅下面；足黄色（图3-59）。

若虫：共5龄，幼龄若虫体灰白色，三龄以后黄绿色，胸部及腹部背面具褐色纵条纹，并出现翅芽，老龄若虫体似成虫，仅翅未形成。

卵：长约1.6毫米，稍弯曲，一端稍尖，乳白色，数粒整齐排列成卵块（图3-60）。

图3-59　大青叶蝉成虫

图3-60　大青叶蝉卵

3.发生规律

1年发生3代，以卵在苹果树枝条或苗木的表皮下越冬。次年果树萌动至开花前卵孵化，若虫迁移到附近的杂草或蔬菜上为害。第一、二代主要为害玉米、高粱、麦类及杂草，第三代为害晚秋作物如薯类、豆类等，这些作物收获后又转移到白菜、萝卜上为害，10月中下旬成虫飞到果树上产卵越冬。夏卵期9～15天，越冬卵长达5个月左右。

4.防控技术

（1）农业防治。成虫在树干产卵后用木棍擀树干表面，压死虫卵。另外果园内不要间作秋菜，以避免为其提供转移寄主。

（2）物理防治。在成虫产卵前将树干涂白，涂白剂配方：生石灰10份，石硫合剂2份，食盐1～2份，黏土2份，水36～40份，加少量杀虫剂。成虫发生期可利用黑光灯诱杀成虫。

（3）化学防治。成虫大发生时，于产卵期，喷布杀虫剂，除树上喷药外，还要喷洒行间的杂草，常用药剂有：50%辛硫磷乳油1 000倍液、2.5%高效氯氟氰菊酯乳油2 000～2 500倍液等。